SQL
的**五十道練習**
初學者友善的資料庫入門

關於本書

緣起

本書內容主要改寫自我在 2021 年於 Hahow 好學校所開設的同名線上課程「SQL 的五十道練習：初學者友善的資料庫入門」，感謝碁峰對這門線上課程以及對我的肯定，才有這個機會將課程內容整理成冊。想要有效確實地將 SQL 學起來（適用於任何技能、包含且不限於程式語言），需要在每個知識點運用 LPAA 循環（Learn、Practice、Apply、Assess），首先透過本書的文字敘述理解觀念（Learn），接著在自己電腦中所建立的學習環境跟著本書的範例操作，觀察是否得到相似的查詢結果（Practice），然後是寫作練習題（Apply），若是卡關，可以翻閱本書附錄 A：練習題參考解答（Assess）。這也是「SQL 的五十道練習」核心精神，採用了 EBL（Exercise Based Learning）的學習理念，可以確保讀者在每個章節都會走一遍 LPAA 循環，五十九道練習都是明確給定預期輸入和預期輸出的題目設計，直觀而有效。

此外，提供本書讀者我在 Hahow 好學校「SQL的五十道練習」課程的11個單元免費試看！只要透過以下 QR Code 或連結前往。

◉ SQL 的五十道練習免費試看課程：
https://bit.ly/sqlfifty-book-reader

若您對於我在 Hahow 好學校開設的 SQL 線上課程有興趣，想進一步購買，只要透過以下 QR Code 或連結前往課程，在結帳時輸入讀者專屬的折扣碼：TonySQL（有效期限為 2025.08.19），即可享有八折優惠！

- ◉ SQL 的五十道練習：
  https://hahow.in/cr/sqlfifty

- ◉ 進階 SQL 的五十道練習：
  https://hahow.in/cr/sqlfiftyplus

（預計 2023 年 9 月募資，2023 年 11 月上架）

資料科學浪潮襲來的第一個十年

從 2012 年 10 月哈佛商業評論拋出「資料科學家是 21 世紀最性感的職業」那刻起，資料科學從美國加州矽谷向全世界颳起洶湧大浪至今要邁向第一個十年，報章雜誌與社群媒體不停向我們大量放送資料科學、大數據、機器學習、深度學習與人工智慧等這些聽起來熟悉卻又陌生的字彙。

各行各業因應著資料科學浪潮的襲來，開始從商業智能的運行上重新思索資料驅動的決策機制，造就「以程式處理並分析資料」的相關職缺在就業市場的需求量大增，我們可以說每一個資料科學領域的從業人員都站在軟體工程、統計分析以及商業思維三個面向的交會點上，但又能依照在三個面向的興趣或者擅長，再細膩區分出職稱為資料工程師（對軟體工程較有興趣或擅長）、資料科學家（對統計分析較有興趣或擅長）或者資料分析師（對商業思維較有興趣或擅長）。

鑽研與區分上述的辭彙與職稱令人感到困惑，若是返璞歸真檢視「以程式處理並分析資料」的本質，就會赫然發現這個學門或者工作內容其實並不是橫空出世的，只是在這個時間點，由於科學計算的盛行、套件設計模式的成熟以及運算成本的降低，讓「擅長寫程式的分析師」與「擅長分析的工程師」水到渠成地浮現，在資料科學浪潮襲來的第一個十年依然屹立於鎂光燈下。

資料分析流程

如同財務分析、行銷分析與策略分析領域中有著多樣化的框架與方法論，常見的資料分析流程也有著不同樣貌。一個資料分析專案大抵是資料（Data）提煉為資訊（Information）的過程，廣泛來說，從商業使用者的需求發想、需求規格的討論交流、測試資料的規劃取得、資料處理、探索資料、模型預測、溝通分享以及正式部署。資料分析專案也不一定會涵蓋所有環節，也沒有既定的標準來論斷環節涵蓋較完整的專案其效益就必然高於環節涵蓋較簡短的專案，具體來說，能夠有效地向產品經理、行銷經理與管理團隊等合作部門精準地傳達資料分析專案的結果與量化的效益數字，就能顯著為資料分析專案的成果加值，提升分析團隊在組織內的價值。

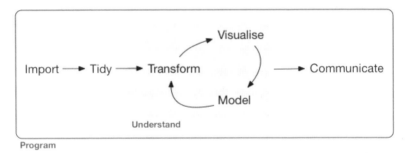

來源：https://bit.ly/r4ds-introduction

強韌的資料供應角色

資料分析任務中常見的資料來源包含有：文字檔案（特定符號區隔的純文字檔案、JSON）、試算表、API 以及資料庫，若以一個在發展已趨成熟的公司任職的資料分析師來說，最高比例的資料來源應該是內部的資料庫，這時就需要倚賴 SQL(Structured Query Language)結構化查詢語言來對資料庫進行查詢以及操作。不論是資料分析專案流程管線中的 Import、Tidy 或 Transform 環節，都是 SQL 粉墨登場的舞台。我們可以將 SQL 在資料分析工具中定位為比較基礎、不是那麼絢麗的一個角色，它樸實地將

資料分析專案與資料存儲之間的橋樑搭起來，甚至在資料庫管理員與資料工程師的手中，SQL 更是建構資料存儲的主角。光彩耀眼的視覺化、預測模型之下所仰賴的是 SQL 在底層建構出強韌的資料供應管線。

發展已趨成熟的大型公司中由於高度專業分工，通常會將資料庫與使用者部門（包含資料科學團隊、產品經理或者行銷團隊）的權限區隔，藉由「需求」的內部文件傳遞來進行資料供應，但是這樣的設計並不符合當今資料科學蓬勃發展的時節，不論是資料需求的內容、使用者或頻率等，都具備極高度的變動，因此有相當高比例的公司已經採取將存取權限共享給專案的核心利害關係人，確保資料供給能夠滿足需求。

Google 在 Coursera 推出的資料分析專業證書中設計八堂課程，圍繞著問題解決、試算表、資料庫、視覺化與程式設計，視為資料分析師的五個核心能力，其中 SQL 與資料庫在資料準備、資料清理與資料分析三堂課程中，佔有相當大的比重。

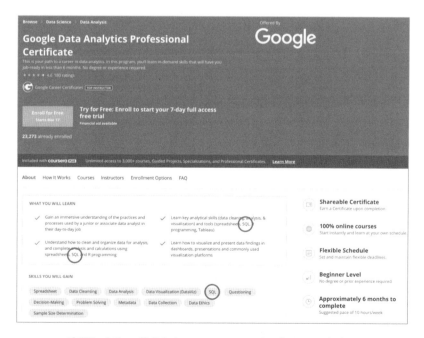

來源：https://bit.ly/coursera-google-data-analytics

因為 SQL 早於 1970 年代即問世，又受到眾多軟體工程師的喜愛與熟悉，許多近年廣受資料科學團隊歡迎的資料存儲、大數據技術或資料分析套件，也是以 SQL 和資料庫作為開發和使用介面的設計原型，未來想進一步學習，更可以先扎根 SQL 與資料庫的基礎，能有效降低學習門檻。

本書的目標讀者

本書是初學者友善的導向，只需要有基本的電腦操作能力與高中程度以上的英文就能入門 SQL，不需要任何程式或者資料庫的背景知識基礎，所有入門知識都會慢慢在書本內容講授。SQL 是一個與英文高度相似的語言，學習資料庫也以英文為主，讀者的英文程度愈好、對英文的接受度愈高，學習 SQL 的效果就會愈好。還有哪些人適合這堂課？日常工作、興趣、學習或研究需要使用資料庫作為分析的數據來源；對於數據分析、資料科學有興趣，未來想從事相關工作（資料分析師、資料工程師、資料科學家），SQL 是必備的基礎技能；對於 Pandas DataFrame、R dplyr、Dask、data.table、Spark DataFrame、Hive 等大數據技術有興趣，SQL 不僅是這些大數據技術的雛型，也能夠作為其中多數的查詢介面，若是熟悉 SQL 將能協助快速入門這些應用。

本書編寫的環境

讀者如果是資料科學的初學者，請依循第二章「建立學習環境」的步驟在自己電腦建立 SQLiteStudio 的學習環境，略過下述以 JupyterLab 運行的指引。

讀者如果不是資料科學的初學者，並且對於 Python、Jupyter 有一定的認識與瞭解，想使用 JupyterLab 運行本書內容，可以參考獨立運行的雲端 Binder 環境 https://bit.ly/book-sqlfifty、附錄 C「以 Python 串接學習資料

庫」與本書的 GitHub 儲存庫 https://bit.ly/github-book-sqlfifty，安裝 miniconda 依循下列命令列指令在自己的電腦中建置 xeus-sql 環境。

```
mamba create -n xeus-sql
source activate xeus-sql
mamba install xeus-sql jupyterlab -c conda-forge
```

本書使用 Jupyter Notebook 編寫，採用 Jupyter 的 SQL 解決方案：xeus-sql 作為運算核心，使用的模組版本資訊如下。

```
conda list > book-sqlfifty.txt
```

```
# book-sqlfifty.txt
```

# Name	Version	Build	Channel
_libgcc_mutex	0.1	conda_forge	conda-forge
_openmp_mutex	4.5	1_gnu	conda-forge
aiohttp	3.8.1	pypi_0	pypi
aiosignal	1.2.0	pypi_0	pypi
alembic	1.7.7	pyhd8ed1ab_0	conda-forge
anyio	3.5.0	py37h89c1867_0	conda-forge
argon2-cffi	21.3.0	pyhd8ed1ab_0	conda-forge
argon2-cffi-bindings	21.2.0	py37h5e8e339_1	conda-forge
async-timeout	4.0.2	pypi_0	pypi
async_generator	1.10	py_0	conda-forge
asynctest	0.13.0	pypi_0	pypi
attrs	21.4.0	pyhd8ed1ab_0	conda-forge
babel	2.9.1	pyh44b312d_0	conda-forge
backcall	0.2.0	pyh9f0ad1d_0	conda-forge
backports	1.0	py_2	conda-forge
backports.functools_lru_cache	1.6.4	pyhd8ed1ab_0	conda-forge
beautifulsoup4	4.11.0	pyha770c72_0	conda-forge
bleach	5.0.0	pyhd8ed1ab_0	conda-forge
blinker	1.4	py_1	conda-forge
brotlipy	0.7.0	py37h540881e_1004	conda-forge
c-ares	1.18.1	h7f98852_0	conda-forge
ca-certificates	2021.10.8	ha878542_0	conda-forge

certifi	2021.10.8	py37h89c1867_2	conda-forge
certipy	0.1.3	py_0	conda-forge
cffi	1.15.0	py37h036bc23_0	conda-forge
charset-normalizer	2.0.12	pyhd8ed1ab_0	conda-forge
cryptography	36.0.2	py37h38fbfac_1	conda-forge
debugpy	1.5.1	py37hcd2ae1e_0	conda-forge
decorator	5.1.1	pyhd8ed1ab_0	conda-forge
defusedxml	0.7.1	pyhd8ed1ab_0	conda-forge
entrypoints	0.4	pyhd8ed1ab_0	conda-forge
flit-core	3.7.1	pyhd8ed1ab_0	conda-forge
frozenlist	1.3.0	pypi_0	pypi
greenlet	1.1.2	py37hd23a5d3_2	conda-forge
icu	70.1	h27087fc_0	conda-forge
idna	3.3	pyhd8ed1ab_0	conda-forge
importlib-metadata	4.11.3	py37h89c1867_1	conda-forge
importlib_resources	5.6.0	pyhd8ed1ab_0	conda-forge
ipykernel	6.12.1	py37h25bab4e_0	conda-forge
ipython	7.32.0	py37h89c1867_0	conda-forge
ipython_genutils	0.2.0	py_1	conda-forge
ipywidgets	7.7.0	pyhd8ed1ab_0	conda-forge
jedi	0.18.1	py37h89c1867_1	conda-forge
jinja2	3.1.1	pyhd8ed1ab_0	conda-forge
json5	0.9.5	pyh9f0ad1d_0	conda-forge
jsonschema	4.4.0	pyhd8ed1ab_0	conda-forge
jupyter-offlinenotebook	0.2.2	pyh1d7be83_0	conda-forge
jupyter-resource-usage	0.6.1	pyhd8ed1ab_0	conda-forge
jupyter-rsession-proxy	2.0.1	pypi_0	pypi
jupyter-server-proxy	3.2.1	pypi_0	pypi
jupyter-shiny-proxy	1.1	pypi_0	pypi
jupyter_client	7.2.2	pyhd8ed1ab_1	conda-forge
jupyter_core	4.9.2	py37h89c1867_0	conda-forge
jupyter_server	1.16.0	pyhd8ed1ab_1	conda-forge
jupyter_telemetry	0.1.0	pyhd8ed1ab_1	conda-forge
jupyterhub-base	1.5.0	py37h89c1867_1	conda-forge
jupyterhub-singleuser	1.5.0	py37h89c1867_1	conda-forge
jupyterlab	3.4.3	pyhd8ed1ab_0	conda-forge
jupyterlab_pygments	0.2.0	pyhd8ed1ab_0	conda-forge

jupyterlab_server	2.12.0	pyhd8ed1ab_0	conda-forge
jupyterlab_widgets	1.1.0	pyhd8ed1ab_0	conda-forge
keyutils	1.6.1	h166bdaf_0	conda-forge
krb5	1.19.3	h3790be6_0	conda-forge
ld_impl_linux-64	2.36.1	hea4e1c9_2	conda-forge
libblas	3.9.0	15_linux64_openblas	conda-forge
libcblas	3.9.0	15_linux64_openblas	conda-forge
libcurl	7.82.0	h7bff187_0	conda-forge
libedit	3.1.20191231	he28a2e2_2	conda-forge
libev	4.33	h516909a_1	conda-forge
libffi	3.4.2	h7f98852_5	conda-forge
libgcc-ng	11.2.0	h1d223b6_15	conda-forge
libgfortran-ng	12.1.0	h69a702a_16	conda-forge
libgfortran5	12.1.0	hdcd56e2_16	conda-forge
libgomp	11.2.0	h1d223b6_15	conda-forge
liblapack	3.9.0	15_linux64_openblas	conda-forge
libnghttp2	1.47.0	h727a467_0	conda-forge
libnsl	2.0.0	h7f98852_0	conda-forge
libopenblas	0.3.20	pthreads_h78a6416_0	conda-forge
libsodium	1.0.18	h36c2ea0_1	conda-forge
libssh2	1.10.0	ha56f1ee_2	conda-forge
libstdcxx-ng	11.2.0	he4da1e4_15	conda-forge
libuuid	2.32.1	h7f98852_1000	conda-forge
libuv	1.43.0	h7f98852_0	conda-forge
libzlib	1.2.11	h166bdaf_1014	conda-forge
mako	1.2.0	pyhd8ed1ab_1	conda-forge
markupsafe	2.1.1	py37h540881e_1	conda-forge
matplotlib-inline	0.1.3	pyhd8ed1ab_0	conda-forge
mistune	0.8.4	py37h5e8e339_1005	conda-forge
multidict	6.0.2	pypi_0	pypi
nbclassic	0.3.7	pyhd8ed1ab_0	conda-forge
nbclient	0.5.13	pyhd8ed1ab_0	conda-forge
nbconvert	6.4.5	pyhd8ed1ab_2	conda-forge
nbconvert-core	6.4.5	pyhd8ed1ab_2	conda-forge
nbconvert-pandoc	6.4.5	pyhd8ed1ab_2	conda-forge
nbformat	5.3.0	pyhd8ed1ab_0	conda-forge
nbgitpuller	1.1.0	pyhd8ed1ab_0	conda-forge

ncurses	6.3	h27087fc_1	conda-forge
nest-asyncio	1.5.5	pyhd8ed1ab_0	conda-forge
nodejs	14.18.3	h96d913c_3	conda-forge
notebook	6.4.10	pyha770c72_0	conda-forge
notebook-shim	0.1.0	pyhd8ed1ab_0	conda-forge
nteract_on_jupyter	2.1.3	py_0	conda-forge
numpy	1.21.6	py37h976b520_0	conda-forge
oauthlib	3.2.0	pyhd8ed1ab_0	conda-forge
openssl	1.1.1n	h166bdaf_0	conda-forge
packaging	21.3	pyhd8ed1ab_0	conda-forge
pamela	1.0.0	py_0	conda-forge
pandas	1.3.5	py37he8f5f7f_0	conda-forge
pandoc	2.17.1.1	ha770c72_0	conda-forge
pandocfilters	1.5.0	pyhd8ed1ab_0	conda-forge
parso	0.8.3	pyhd8ed1ab_0	conda-forge
pexpect	4.8.0	pyh9f0ad1d_2	conda-forge
pickleshare	0.7.5	py_1003	conda-forge
pip	22.0.4	pyhd8ed1ab_0	conda-forge
prometheus_client	0.14.0	pyhd8ed1ab_0	conda-forge
prompt-toolkit	3.0.29	pyha770c72_0	conda-forge
psutil	5.9.0	py37h540881e_1	conda-forge
ptyprocess	0.7.0	pyhd3deb0d_0	conda-forge
pycparser	2.21	pyhd8ed1ab_0	conda-forge
pycurl	7.45.1	py37haaec8a5_1	conda-forge
pygments	2.11.2	pyhd8ed1ab_0	conda-forge
pyjwt	2.3.0	pyhd8ed1ab_1	conda-forge
pyopenssl	22.0.0	pyhd8ed1ab_0	conda-forge
pyparsing	3.0.7	pyhd8ed1ab_0	conda-forge
pyrsistent	0.18.1	py37h540881e_1	conda-forge
pysocks	1.7.1	py37h89c1867_5	conda-forge
python	3.7.12	hb7a2778_100_cpython	conda-forge
python-dateutil	2.8.2	pyhd8ed1ab_0	conda-forge
python-fastjsonschema	2.15.3	pyhd8ed1ab_0	conda-forge
python-json-logger	2.0.1	pyh9f0ad1d_0	conda-forge
python_abi	3.7	2_cp37m	conda-forge
pytz	2022.1	pyhd8ed1ab_0	conda-forge
pyzmq	22.3.0	py37h0c0c2a8_2	conda-forge

readline	8.1	h46c0cb4_0	conda-forge
requests	2.27.1	pyhd8ed1ab_0	conda-forge
ruamel.yaml	0.17.21	py37h540881e_1	conda-forge
ruamel.yaml.clib	0.2.6	py37h540881e_1	conda-forge
send2trash	1.8.0	pyhd8ed1ab_0	conda-forge
setuptools	59.8.0	py37h89c1867_1	conda-forge
simpervisor	0.4	pypi_0	pypi
six	1.16.0	pyh6c4a22f_0	conda-forge
sniffio	1.2.0	py37h89c1867_3	conda-forge
soci-core	4.0.3	h924138e_0	conda-forge
soci-sqlite	4.0.3	h72f4c9c_0	conda-forge
soupsieve	2.3.1	pyhd8ed1ab_0	conda-forge
sqlalchemy	1.4.35	py37h540881e_0	conda-forge
sqlite	3.38.5	h4ff8645_0	conda-forge
terminado	0.13.3	py37h89c1867_1	conda-forge
testpath	0.6.0	pyhd8ed1ab_0	conda-forge
tk	8.6.12	h27826a3_0	conda-forge
tornado	6.1	py37h540881e_3	conda-forge
traitlets	5.1.1	pyhd8ed1ab_0	conda-forge
typing_extensions	4.1.1	pyha770c72_0	conda-forge
urllib3	1.26.9	pyhd8ed1ab_0	conda-forge
wcwidth	0.2.5	pyh9f0ad1d_2	conda-forge
webencodings	0.5.1	py_1	conda-forge
websocket-client	1.3.2	pyhd8ed1ab_0	conda-forge
wheel	0.37.1	pyhd8ed1ab_0	conda-forge
widgetsnbextension	3.6.0	py37h89c1867_0	conda-forge
xeus	2.4.1	h70bab47_0	conda-forge
xeus-sql	0.1.5	he78764c_1	conda-forge
xvega	0.0.10	h4bd325d_0	conda-forge
xvega-bindings	0.0.10	h4bd325d_0	conda-forge
xz	5.2.5	h516909a_1	conda-forge
yarl	1.7.2	pypi_0	pypi
zeromq	4.3.4	h9c3ff4c_1	conda-forge
zipp	3.8.0	pyhd8ed1ab_0	conda-forge
zlib	1.2.11	h166bdaf_1014	conda-forge

關於作者

郭耀仁畢業自台灣大學商學研究所，現於台大工商管理學系與共同教育中心兼任講師；在台大資工系統訓練班與中華電信學院講授資料科學課程。在專業講師之前任職過電商資料分析師、軟體公司資料分析顧問、銀行儲備幹部與管顧實習生，閒暇時喜歡長跑與寫作。在 Hahow 好學校開設線上課程「R 語言的 50+ 練習」、「Python 的 50+ 練習」、「SQL 的五十道練習」與「如何成為資料分析師」，出版書籍有「新手村逃脫！初心者的 Python 機器學習攻略」（博碩文化）、「進擊的資料科學」（碁峰資訊）與「輕鬆學習 R 語言」（碁峰資訊）。

如果讀者對於這本書有任何問題，請寫信與我聯絡：yaojenkuo@datainpoint.com、對於我的教學有興趣，可以參考我的 Linktree：https://linktr.ee/yaojenkuo

延伸閱讀

- ◉ SQL 的五十道練習：初學者友善的資料庫入門
  https://hahow.in/cr/sqlfifty
- ◉ Data Scientist：The Sexiest Job of the 21st Century
  https://bit.ly/hbr-data-scientist
- ◉ xeus-sql：https://bit.ly/github-xeus-sql
- ◉ miniconda：https://bit.ly/docs-miniconda

目錄

Chapter
03

從資料表選擇

Chapter
04

衍生計算欄位

Chapter
13 綜合練習題

Appendix
A 練習題參考解答

Appendix
B 學習資料庫綱要

Appendix
C 以 Python 串接學習資料庫

Appendix
D 以 R 語言串接學習資料庫

▼線上下載

本書範例請至 http://books.gotop.com.tw/download/AED004200 下載。其內容僅供合法持有本書的讀者使用,未經授權不得抄襲、轉載或任意散佈。

01

簡介

1.1　什麼是 SQL

SQL 是由 **Structured Query Language** 三個單字的字首組成的縮寫,而
SQL 的唸法一般有兩種,有些人偏好 ess-que-ell,也就是將三個英文字
母 S、Q、L 分別唸出;有些人偏好 sequel,也就是在其中加入母音連
結,變成一個能夠發音的單字,兩種唸法都被廣泛地採用,讀者可以根
據自己的偏好選擇。

Structured Query Language 直接翻譯是結構化查詢語言,但直接翻譯對
這個語言的理解毫無幫助,我們試圖用一句話解釋:

> SQL 是 Structured Query Language 的縮寫,是一個專門針對
> 關聯式資料庫中所儲存的資料進行查詢、定義、操作與控制
> 的語言。

SQL 在 1970 年代由國際商業機器公司（IBM）創造，剛開發出來時候僅只是為了更有效率地「查詢」儲存於關聯式資料庫中的資料，但是到了現代，除了查詢以外像是資料的建立、更新與刪除，也都能靠著 SQL 來完成。具體來說，SQL 是由保留字（Keyword）、符號、常數與函數所組合而成的一種語言，按照使用目的可以再細分為資料查詢語言（Data Query Language, DQL）、資料定義語言（Data Definition Language, DDL）、資料操作語言（Data Manipulation Language, DML）、資料控制語言（Data Control Language, DCL）以及交易控制語言（Transaction Control Language, TCL）；本書是初學者友善的導向，內容會以資料查詢語言為主，資料定義語言與資料操作語言為輔。

SQL 的分類	範例
資料查詢語言（Data Query Language, DQL）	SELECT ...
資料定義語言（Data Definition Language, DDL）	CREATE ...
資料操作語言（Data Manipulation Language, DML）	UPDATE ...
資料控制語言（Data Control Language, DCL）	GRANT ...
交易控制語言（Transaction Control Language, TCL）	COMMIT

因此我們可以理解 SQL 是一個能夠與關聯式資料庫互動的專用語言，常見的互動有四個：包含創造（Create）、查詢（Read）、更新（Update）與刪除（Delete），這四個動作又在業界與社群被簡稱為 CRUD，聽起來十分抽象，但其實與現代生活形影不離。舉例來說在社群應用程式中的一舉一動，不論是透過滑鼠點擊或者手勢觸控，都會被應用程式轉換為 CRUD 的指令：上傳新的動態與貼文，就是創造的體現；瀏覽追蹤對象的動態與貼文，就是查詢的體現；編輯動態與貼文，就是更新的體現；撤掉動態與貼文，就是刪除的體現。

來源：Photo by Hugh Han on Unsplash

SQL 雖然早於 1970 年代問世，但一直到了 2020 年代依然是資料科學家與軟體工程師最仰賴的語言之一。根據資料科學家社群 Kaggle 以及軟體工程師社群 StackOverflow 在 2021 年針對網站會員所發出的問卷，在 2021 Kaggle ML&DS Survey 中 SQL 在資料科學家日常頻繁使用語言中排名第二、在資料科學家推薦學習語言中排名第三、Stack Overflow 2021 Developer Survey 中 SQL 在軟體工程師受歡迎技術中排名第四、Google 資料分析專業證照也有涵蓋 SQL 的教學，學習 SQL 的重要性不言可喻。

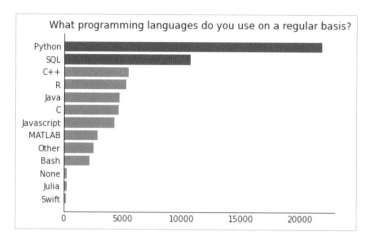

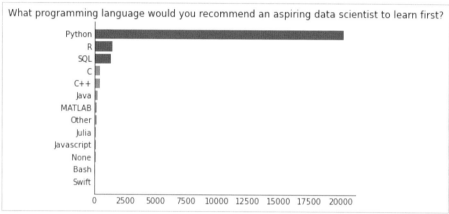

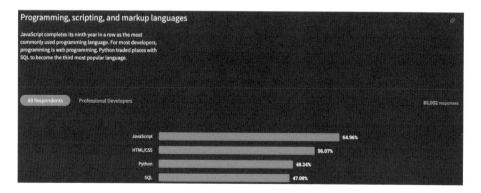

來源：https://bit.ly/so-survey-2021

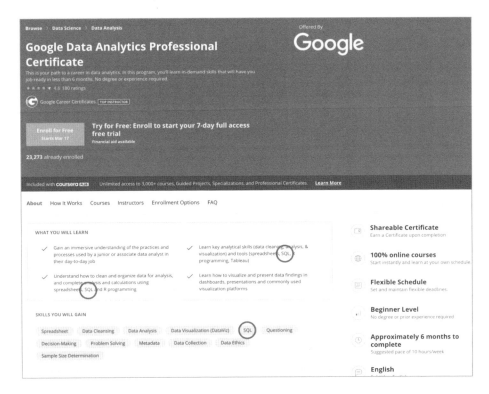

來源：https://bit.ly/coursera-google-data-analytics

1.2 什麼是關聯式資料庫

欲解釋何謂關聯式資料庫，我們將它拆成「關聯式」與「資料庫」分別定義。資料庫是一種特定、經過加工的資料集合，能夠放置在伺服器、個人電腦、手機或者微型電腦之中，資料庫可以透過 SQL 與之互動，有效率地進行資料查詢、定義、操作與控制。關聯式則是描述資料庫中的資料集合是以列（Rows）與欄（Columns）所組成的二維表格形式記錄，並且遵守關聯式模型準則設計，這樣的資料庫就被稱為關聯式資料庫。有時列也有其他別名，像是紀錄（Records）、觀測值（Observations）、元組（Tuples）等；欄的其他別名則有欄位（Fields）、變數（Variables）、屬性（Attributes）等。

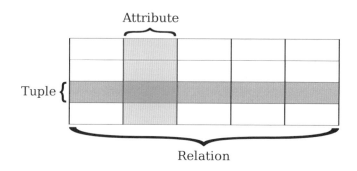

來源：https://bit.ly/wiki-rdb

什麼樣的資料集合能夠被稱為是資料庫呢？大致來說必須要同時具備兩個特徵：

1. 觀測值必須具備屬性。

2. 資料集合必須具備元資料（Metadata）。

第一個特徵是描述資料表內容必須是完整的，觀測值與屬性都要具備，例如 id 到 runtime 這六個變數名稱就是屬性的體現。

```
   id                    title  release_year  rating              director  \
0   1  The Shawshank Redemption          1994     9.3         Frank Darabont
1   2             The Godfather          1972     9.2  Francis Ford Coppola
2   3           The Dark Knight          2008     9.0     Christopher Nolan
3   4      The Godfather Part II          1974     9.0  Francis Ford Coppola
4   5              12 Angry Men          1957     9.0          Sidney Lumet

   runtime
0      142
1      175
2      152
3      202
4       96
```

如果資料只有觀測值而沒有屬性，例如二維陣列，就不是具備資料庫特徵的資料集合。

```
array([[1, 'The Shawshank Redemption', 1994, 9.3, 'Frank Darabont', 142],
       [2, 'The Godfather', 1972, 9.2, 'Francis Ford Coppola', 175],
       [3, 'The Dark Knight', 2008, 9.0, 'Christopher Nolan', 152],
       [4, 'The Godfather Part II', 1974, 9.0, 'Francis Ford Coppola',
       202],
       [5, '12 Angry Men', 1957, 9.0, 'Sidney Lumet', 96]], dtype=object)
```

如果資料只有屬性而沒有擺放觀測值的位置，例如一維陣列，就不是具備資料庫特徵的資料集合。

```
Index(['id', 'title', 'release_year', 'rating', 'director', 'runtime'],
dtype='object')
```

第二個特徵是資料集合必須要具備能夠自我解釋（Self-explainable）的能力，這個能力就是所謂的元資料（Metadata），元資料直接翻譯為描述資料的資料，但直接翻譯對這個名詞的理解有限，比較能夠幫助理解的譬喻是元資料就像英英字典，當我們在查詢英文單字時英英字典會用另外一段英文來描述；當我們在查詢資料表的詳細資料時，元資料會用另外一個資料表來描述。

```
   cid          name      type  notnull dflt_value  pk
0    0            id   INTEGER        0       None   1
1    1         title      TEXT        0       None   0
2    2  release_year   INTEGER        0       None   0
3    3        rating      REAL        0       None   0
4    4      director      TEXT        0       None   0
5    5       runtime       INT        0       None   0
```

1.3 什麼是關聯式資料庫管理系統

管理關聯式資料庫的電腦軟體稱為關聯式資料庫管理系統（Relational Database Management System, RDBMS），透過關聯式資料庫管理系統，可以讓關聯式資料庫具有多人共用、處理大量資料、自動化讀寫與備份等功能。常見的關聯式資料庫管理系統大致可以分為商業授權與開放原始碼兩個大類：

- ◉ 商業授權
  - ● DB2：國際商業機器公司的關聯式資料庫管理系統。
  - ● SQL Server：微軟公司的關聯式資料庫管理系統。
  - ● Oracle Database：甲骨文公司的關聯式資料庫管理系統。

- ◉ 開放原始碼
  - ● MySQL：開放原始碼的關聯式資料庫管理系統，現為甲骨文公司所有。
  - ● MariaDB：開放原始碼的關聯式資料庫管理系統，是 MySQL 的分支。
  - ● SQLite：開放原始碼的關聯式資料庫管理系統。

由於各種關聯式資料庫管理系統都支援標準 SQL，多數時候標準 SQL 就能順利在上述常見的關聯式資料庫管理系統運行，只有少數時候必須要使用專用語法，因此初學者從學習任何一個關聯式資料庫管理系統起步皆可。而本書會以輕量、無伺服器架構並且與主流程式語言都能串接的 SQLite 開放原始碼關聯式資料庫管理系統為準。除了關聯式資料庫管理系統以外，還有非關聯式資料庫管理系統（NoSQL Database Management System），這是一種非結構化、非列與欄資料表結構的資料集合模型，通常會在注重資料儲存彈性的應用場景時被採用。本書聚焦

的 SQL 是一個專門針對關聯式資料庫中所儲存的資料進行查詢、定義、操作與控制的語言,所以並不會涉及到非關聯式資料庫管理系統。

1.4　SQL 與關聯式資料庫管理系統是重要的

SQL 與關聯式資料庫管理系統不論是對於資料科學家、軟體工程師都是至關重要的語言與技術,在資料科學應用領域中,關聯式資料庫管理系統是常見的資料來源,對於在大型企業工作的資料科學家來說更是如此,透過 SQL 能夠載入產品、服務與財務的相關數據進行分析探索;在軟體開發領域中,關聯式資料庫管理系統是網頁應用程式、手機應用程式或桌面應用程式不可或缺的一環,透過 SQL 能夠讓應用程式的使用者與資料進行互動。就算並非從事資料科學、軟體開發的相關領域工作,生活中關聯式資料庫管理系統也是無所不在,小至手機的通話紀錄與通訊錄、大至社群應用程式與購物網站、銀行的存款與交易資訊,能夠讓成千上萬個使用者自動化、大規模地同時運作無虞,背後都有 SQL、關聯式資料庫管理系統與應用程式在支撐。

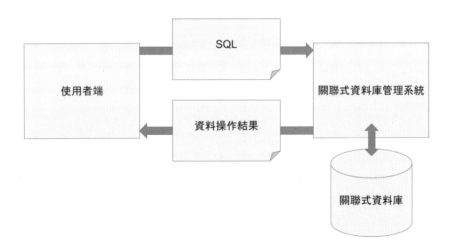

重點統整

- SQL 是 Structured Query Language 的縮寫，是一個專門針對關聯式資料庫中所儲存的資料進行查詢、定義、操作與控制的語言。

- SQL 雖然早於 1970 年代問世，但一直到了 2020 年代依然是資料科學家與軟體工程師最仰賴的語言之一。

- 什麼樣的資料集合能夠被稱為是資料庫呢？大致來說必須要同時具備兩個特徵：

  - 觀測值必須具備屬性。

  - 資料集合必須具備元資料（Metadata）。

- 管理關聯式資料庫的電腦軟體稱為關聯式資料庫管理系統（Relational Database Management System, RDBMS），透過關聯式資料庫管理系統，可以讓關聯式資料庫具有多人共用、處理大量資料、自動化讀寫與備份等功能。

延伸閱讀

- 2021 Kaggle Machine Learning & Data Science Survey
  https://bit.ly/kaggle-survey-2021

- Stack Overflow Developer Survey 2021
  https://bit.ly/so-survey-2021

02

建立學習環境

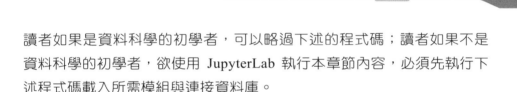

讀者如果是資料科學的初學者,可以略過下述的程式碼;讀者如果不是資料科學的初學者,欲使用 JupyterLab 執行本章節內容,必須先執行下述程式碼載入所需模組與連接資料庫。

```
%LOAD sqlite3 db=../databases/imdb.db timeout=2 shared_cache=true
ATTACH "../databases/nba.db" AS nba;
ATTACH "../databases/twElection2020.db" AS twElection2020;
ATTACH "../databases/covid19.db" AS covid19;
```

2.1 SQL 的學習門檻

平心而論,比起其他泛用程式語言(C 語言、Java、Python 等)或者科學計算專用語言(R 語言、Matlab、SAS 等),SQL 的學習門檻是比較低的,原因在於 SQL 是一個與英文高度相似的語言,所以即便完全沒有程式語言、資料科學基礎的讀者,只要具備一定程度的英文能力(可能是全民英檢中高級以上或者多益 650 分以上),在 SQL 的學習上依然能

顯得輕鬆寫意。不過,我們還是有三個需要克服的難關:一是建立學習環境;二是範例資料;三是練習。

學習 SQL 我們會從用途最廣泛也最為簡易的資料查詢語言(Data Query Language, DQL)入門,但是在可以驗證自己所寫的查詢敘述會對應出什麼樣的查詢結果之前,卻需要先透過比較進階的資料定義語言(Data Definition Language, DDL)建立關聯式資料庫、建立資料表並插入觀測值,如此一來資料查詢語言才能夠有作用的對象。這也導致很多初學者會在一開始使用比較進階的資料定義語言時因為發生錯誤而打退堂鼓,本書考量到這點,借助 SQLite 關聯式資料庫管理系統輕巧、便利攜帶且自我包含的特點,將範例資料製作成學習資料庫,讓讀者一開始是對已經建立好、設定完善的關聯式資料庫寫作查詢敘述,如此一來可以在學習資料查詢語言之前,巧妙地跳過資料定義語言。

多數課程或教科書所使用的範例資料都是較為制式化的資料內容,像是國家城市資料、超級市場銷售資料或者班級成績資料。本書考量到這點,使用了像是 IMDb 網站的電影與演員資料、NBA 網站的球員、球隊與生涯統計資料、約翰霍普金斯大學 COVID-19 每日報告、地理區域與時間序列資料以及中選會總統與立委的選舉資料,希望能夠讓學習過程因為這些範例資料而饒富趣味。

想要有效確實地將 SQL 學起來,需要在每個知識點運用 LPAA 循環(Learn、Practice、Apply、Assess),首先透過本書的文字敘述理解觀念(Learn),接著在自己電腦中所建立的學習環境跟著本書的範例操作,觀察是否得到相似的查詢結果(Practice),然後是寫作練習題(Apply),若是卡關,可以翻閱本書所附的參考練習題詳解(Assess)。這也是本書寫作的核心精神,採用了 EBL (Exercise Based Learning) 的學習理念,可以確保學生在每個章節都會走一遍 LPAA 循環,五十九道練習都是明確給定預期輸入和預期輸出的題目設計,直觀而有效。

2.2 下載 SQLiteStudio

本書將會採用 SQLiteStudio 作為自己電腦中的學習環境，SQLiteStudio 是一個具備 SQLite 關聯式資料庫管理系統的圖形化介面軟體，透過 SQLiteStudio 能夠讓我們在自己電腦中連結學習資料庫、撰寫 SQL 查詢 敘述並且檢視查詢結果。除了支援資料查詢語言，SQLiteStudio 的圖形 化介面也支援 SQL 中的資料定義語言、資料操作語言、資料控制語言以 及交易控制語言，讓使用者不僅可以用 SQL 與關聯式資料庫互動，亦能 夠透過圖形化介面達成。

本書使用 SQLiteStudio 的安裝版本 3.2.1（之後更新版本的 SQLiteStudio 都改為免安裝設定），讀者必須依照自己電腦的作業系統選擇不同副檔 名的安裝檔下載。

- ◉ Windows 作業系統的讀者下載副檔名為 .exe 的安裝檔：
  https://bit.ly/gh-sqlite-studio-exe
- ◉ macOS 的讀者下載副檔名為 .dmg 的安裝檔：
  https://bit.ly/gh-sqlite-studio-dmg

上述安裝檔下載連結源於 SQLiteStudio 官方 GitHub，我另外有用 AWS S3 儲存空間作為備份，假如未來讀者發現下載連結有問題，亦可以點選 下列的備份下載連結。

- ◉ （備份下載連結）Windows 作業系統的讀者下載副檔名為 .exe 的 安裝檔：https://bit.ly/aws-sqlite-studio-exe
- ◉ （備份下載連結）macOS 的讀者下載副檔名為 .dmg 的安裝檔：
  https://bit.ly/aws-sqlite-studio-dmg

2.3 安裝 SQLiteStudio

下載好 SQLiteStudio 安裝檔之後，Windows 作業系統的讀者在安裝過程大致不會碰到什麼問題，不過 macOS 的讀者需要特別留意因為安裝檔在預設的作業系統設定下不被允許安裝，必須要去系統設定（System Preferences）-> 安全與隱私（Security & Privacy）-> 一般（General）手動允許才能順利開始安裝過程，以下的安裝步驟截圖就以 macOS 為準示範。

Step 01   滑鼠游標雙擊安裝檔。

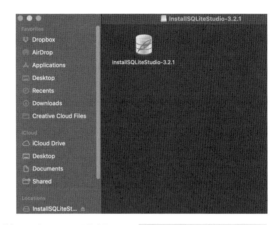

Step 02   彈出視窗顯示不允許安裝，先不要點擊 Eject Disk Image，也不要點擊 Cancel

Step 03   前往系統設定（System Preferences）-> 安全與隱私（Security & Privacy）-> 一般（General），會看到有 Open Anyway 的按鈕可以點擊，這時將原本彈出視窗點擊 Cancel，然後點擊 Open Anyway

Step 04 彈出視窗這時多了 Open 按鈕可以點選,點擊後就開始安裝過程。

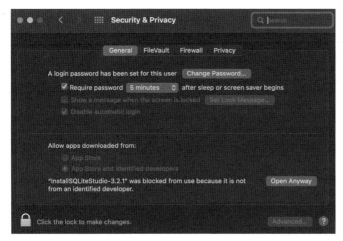

Step 05 安裝路徑採預設即可,點擊 Continue 繼續。

Step 06 安裝元件採預設即可，點擊 Continue 繼續。

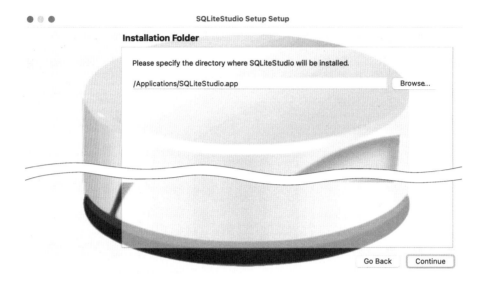

Step 07 點擊 Install 開始安裝。

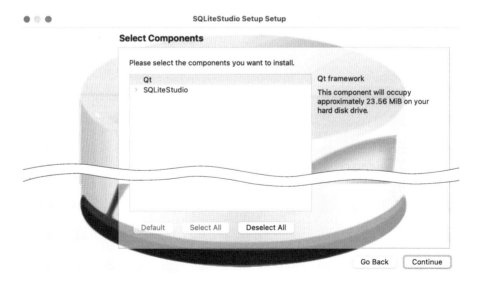

Step 08 安裝完畢後，啟動 SQLiteStudio

2.4 下載學習資料庫並用 SQLiteStudio 連線

誠如我們在 SQL 的學習門檻所提到的，本書借助 SQLite 關聯式資料庫管理系統輕巧、便利攜帶且自我包含的特點，將範例資料製作成學習資料庫，讓讀者一開始能夠直接對已經建立好、設定完善的關聯式資料庫寫作查詢敘述，如此一來可以在學習資料查詢語言之前，巧妙地跳過資料定義語言，我準備了四個學習資料庫，它們分別是 covid19.db、imdb.db、nba.db 與 twElection2020.db，學習資料庫的下載連結是源於我的 AWS S3 儲存空間，假如未來讀者發現下載連結有問題，可以寄信給我反映 yaojenkuo@datainpoint.com。

- ◉ covid19.db https://bit.ly/covid19-db
- ◉ imdb.db https://bit.ly/imdb-db

⊚ nba.db https://bit.ly/nba-db

⊚ twElection2020.db https://bit.ly/tw-election-2020-db

讀者下載完畢之後先不要以滑鼠游標雙擊這些檔案,因為它們並不是副檔名為 `.exe` 的可執行檔案(Executables),請讀者將四個學習資料庫檔案置放在你熟悉的路徑即可,如果讀者熟悉的路徑是桌面,可以放在 `C:\Users\YOUR_NAME\Desktop`(Windows 作業系統)或者 `/Users/YOUR_NAME/Desktop`(macOS),`YOUR_NAME` 的部分替換為自己電腦的使用者名稱。

接著我們要為 SQLiteStudio 與學習資料庫建立連線並確認學習環境能妥善運行。

Step 01   啟動 SQLiteStudio

Step 02   點擊選單 Database -> Add a database

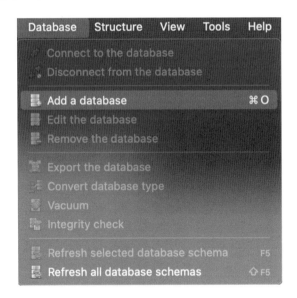

Step 03 Database type 採用預設的 SQLite 3，點擊圖示 Browse for existing database file on local computer

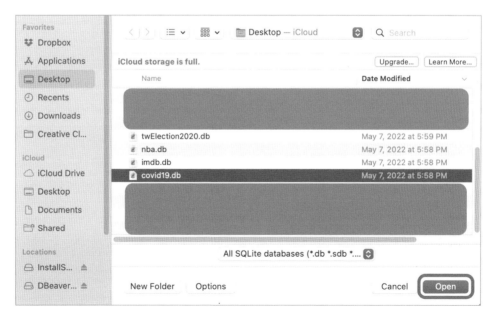

Step 04 移動到四個學習資料庫檔案所置放的路徑，選擇其中一個學習資料庫，點擊 Open

Step 05　點擊 OK

Step 06　將滑鼠游標移動到左側資料庫圖示上按下右鍵，點擊 Connect to the database

Step 07　重複步驟 2 到步驟 6 將四個學習資料
庫都新增至 SQLiteStudio，並且建立
連線。

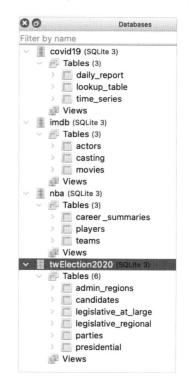

2.5　哈囉世界與查詢四個學習資料庫中的第一個資料表

哈囉世界是指在電腦螢幕顯示「Hello, World!」（你好，世界！）字串
的電腦程式，通常用來確認一個程式語言的開發環境及運行環境是否已
經安裝妥當。學習 SQL 也不例外，不過若光是在 SQLiteStudio 顯示
「Hello, World!」還不足以確認讀者是否有順利完成下載學習資料庫並
用 SQLiteStudio 連線，因此還會查詢四個學習資料庫中第一個資料表
（依照英文字母順序排列）的「前五列、所有欄」。

Step 01　點擊選單 Tools -> Open SQL Editor 開啟能夠寫作 SQL 敘述的編
　　　　輯器。

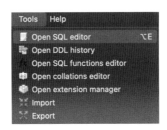

Step 02　在編輯器的區域寫下 SELECT 'Hello, World!';

Step 03　反白選取後點擊編輯器的 Execute query 圖示，完成哈囉世界。

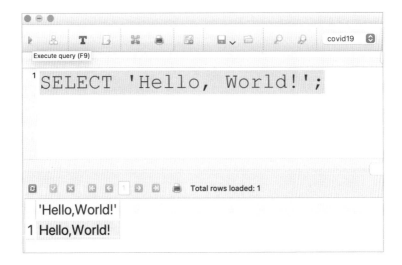

Step 04 在編輯器的選單點擊 covid19

Step 05 在編輯器的區域寫下

```
SELECT *
  FROM daily_report
 LIMIT 5;
```

Step 06 反白選取後點擊編輯器的 Execute query 圖示，完成查詢 covid19 學習資料庫中 daily_report 資料表的前五列、所有欄。

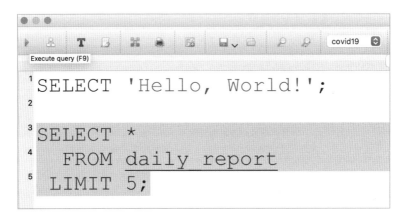

Step 07 在編輯器的選單點擊 imdb

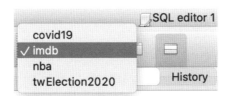

Step 08　在編輯器的區域寫下

```
SELECT *
  FROM actors
 LIMIT 5;
```

Step 09　反白選取後點擊編輯器的 Execute query 圖示，完成查詢 imdb 學
習資料庫中 actors 資料表的前五列、所有欄。

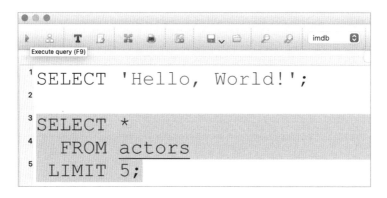

Step 10　在編輯器的選單點擊 nba

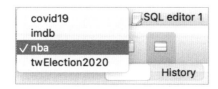

Step 11　在編輯器的區域寫下

```
SELECT *
  FROM career_summaries
 LIMIT 5;
```

Step 12　反白選取後點擊編輯器的 Execute query 圖示，完成查詢 nba 學習
資料庫中 career_summaries 資料表的前五列、所有欄。

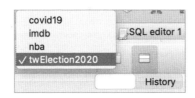

```
SELECT 'Hello, World!';

SELECT *
  FROM career summaries
 LIMIT 5;
```

Step 13 在編輯器的選單點擊 `twElection2020`

```
covid19
imdb
nba
✓ twElection2020
```
SQL editor 1

History

Step 14 在編輯器的區域寫下

```
SELECT *
  FROM admin_regions
 LIMIT 5;
```

Step 15 反白選取後點擊編輯器的 Execute query 圖示，完成查詢 `twElection2020` 學習資料庫中 `admin_regions` 資料表的前五列、所有欄。

```
SELECT 'Hello, World!';

SELECT *
  FROM admin regions
 LIMIT 5;
```

2.6 關於學習資料庫

從四個學習資料庫的檔案名稱以及查詢四個學習資料庫的資料表，我們大概瞭解是關於新冠肺炎疫情、電影、美國職業籃球聯盟以及 2020 年台灣大選的資料，副檔名 .db 則體現資料庫（Database）的特徵，學習資料庫的數據有效期間除了 twElection2020.db 沒有效期之外（因為內容不會再有任何更新），其餘三個學習資料庫的數據截至 2022-05-31，也就是本書第一版的寫作期間。這些資料的來源與原始格式表列如下：

學習資料庫	資料來源	原始資料格式
covid19.db	https://github.com/CSSEGISandData/COVID-19	CSV
imdb.db	https://www.imdb.com	HTML
nba.db	https://data.nba.net/prod/v1/today.json	JSON
twElection2020.db	https://db.cec.gov.tw	Microsoft Excel

我們也能藉由查詢四個學習資料庫每一個資料表的元資料（Metadata）來獲得每一欄的資訊，包含：

- ◉ cid：欄流水號（Column ID）。
- ◉ name：欄名。
- ◉ type：欄資料類別。
- ◉ notnull：是否不允許 NULL 空值存在。
- ◉ dflt_value：預設值（Default value）。
- ◉ pk：是否為主鍵（Primary key）。

2.6.1 學習資料庫 covid19

```
SELECT *
  FROM PRAGMA_TABLE_INFO('daily_report');
```

cid	name	type	notnull	dflt_value	pk
0	Combined_Key	TEXT	0	NULL	1
1	Last_Update	TEXT	0	NULL	0
2	Confirmed	INTEGER	0	NULL	0
3	Deaths	INTEGER	0	NULL	0

4 rows in set (0.00 sec)

```
SELECT *
  FROM PRAGMA_TABLE_INFO('lookup_table');
```

cid	name	type	notnull	dflt_value	pk
0	UID	INTEGER	0	NULL	1
1	Combined_Key	TEXT	0	NULL	0
2	iso2	TEXT	0	NULL	0
3	iso3	TEXT	0	NULL	0
4	Country_Region	TEXT	0	NULL	0
5	Province_State	TEXT	0	NULL	0
6	Admin2	TEXT	0	NULL	0
7	Lat	REAL	0	NULL	0

```
| 8    | Long_          | REAL     | 0        | NULL         | 0    |
+------+----------------+----------+----------+--------------+------+
| 9    | Population     | INTEGER  | 0        | NULL         | 0    |
+------+----------------+----------+----------+--------------+------+
10 rows in set (0.00 sec)
```

```
SELECT *
  FROM PRAGMA_TABLE_INFO('time_series');
```

```
+------+----------------+----------+----------+--------------+------+
| cid  | name           | type     | notnull  | dflt_value   | pk   |
+------+----------------+----------+----------+--------------+------+
| 0    | Date           | TEXT     | 0        | NULL         | 1    |
+------+----------------+----------+----------+--------------+------+
| 1    | Country_Region | TEXT     | 0        | NULL         | 2    |
+------+----------------+----------+----------+--------------+------+
| 2    | Confirmed      | INTEGER  | 0        | NULL         | 0    |
+------+----------------+----------+----------+--------------+------+
| 3    | Deaths         | INTEGER  | 0        | NULL         | 0    |
+------+----------------+----------+----------+--------------+------+
| 4    | Daily_Cases    | INTEGER  | 0        | NULL         | 0    |
+------+----------------+----------+----------+--------------+------+
| 5    | Daily_Deaths   | INTEGER  | 0        | NULL         | 0    |
+------+----------------+----------+----------+--------------+------+
6 rows in set (0.00 sec)
```

2.6.2 學習資料庫 `imdb`

```
SELECT *
  FROM PRAGMA_TABLE_INFO('actors');
```

```
+------+-------+----------+----------+--------------+------+
| cid  | name  | type     | notnull  | dflt_value   | pk   |
+------+-------+----------+----------+--------------+------+
| 0    | id    | INTEGER  | 0        | NULL         | 1    |
+------+-------+----------+----------+--------------+------+
| 1    | name  | TEXT     | 0        | NULL         | 0    |
+------+-------+----------+----------+--------------+------+
2 rows in set (0.00 sec)
```

```
SELECT *
  FROM PRAGMA_TABLE_INFO('casting');
```

```
+-----+----------+---------+---------+------------+----+
| cid | name     | type    | notnull | dflt_value | pk |
+-----+----------+---------+---------+------------+----+
| 0   | movie_id | INTEGER | 0       | NULL       | 0  |
+-----+----------+---------+---------+------------+----+
| 1   | actor_id | INTEGER | 0       | NULL       | 0  |
+-----+----------+---------+---------+------------+----+
| 2   | ord      | INTEGER | 0       | NULL       | 0  |
+-----+----------+---------+---------+------------+----+
3 rows in set (0.00 sec)
```

```
SELECT *
  FROM PRAGMA_TABLE_INFO('movies');
```

```
+-----+--------------+---------+---------+------------+----+
| cid | name         | type    | notnull | dflt_value | pk |
+-----+--------------+---------+---------+------------+----+
| 0   | id           | INTEGER | 0       | NULL       | 1  |
+-----+--------------+---------+---------+------------+----+
| 1   | title        | TEXT    | 0       | NULL       | 0  |
+-----+--------------+---------+---------+------------+----+
| 2   | release_year | INTEGER | 0       | NULL       | 0  |
+-----+--------------+---------+---------+------------+----+
| 3   | rating       | REAL    | 0       | NULL       | 0  |
+-----+--------------+---------+---------+------------+----+
| 4   | director     | TEXT    | 0       | NULL       | 0  |
+-----+--------------+---------+---------+------------+----+
| 5   | runtime      | INT     | 0       | NULL       | 0  |
+-----+--------------+---------+---------+------------+----+
6 rows in set (0.00 sec)
```

2.6.3 學習資料庫 nba

```
SELECT *
  FROM PRAGMA_TABLE_INFO('career_summaries');
```

cid	name	type	notnull	dflt_value	pk
0	personId	INTEGER	0	NULL	1
1	tpp	REAL	0	NULL	0
2	ftp	REAL	0	NULL	0
3	fgp	REAL	0	NULL	0
4	ppg	REAL	0	NULL	0
5	rpg	REAL	0	NULL	0
6	apg	REAL	0	NULL	0
7	bpg	REAL	0	NULL	0
8	mpg	REAL	0	NULL	0
9	spg	REAL	0	NULL	0
10	assists	INTEGER	0	NULL	0
11	blocks	INTEGER	0	NULL	0
12	steals	INTEGER	0	NULL	0
13	turnovers	INTEGER	0	NULL	0
14	offReb	INTEGER	0	NULL	0
15	defReb	INTEGER	0	NULL	0

```
+-----+--------------+---------+---------+------------+----+
| 16  | totReb       | INTEGER | 0       | NULL       | 0  |
+-----+--------------+---------+---------+------------+----+
| 17  | fgm          | INTEGER | 0       | NULL       | 0  |
+-----+--------------+---------+---------+------------+----+
| 18  | fga          | INTEGER | 0       | NULL       | 0  |
+-----+--------------+---------+---------+------------+----+
| 19  | tpm          | INTEGER | 0       | NULL       | 0  |
+-----+--------------+---------+---------+------------+----+
| 20  | tpa          | INTEGER | 0       | NULL       | 0  |
+-----+--------------+---------+---------+------------+----+
| 21  | ftm          | INTEGER | 0       | NULL       | 0  |
+-----+--------------+---------+---------+------------+----+
| 22  | fta          | INTEGER | 0       | NULL       | 0  |
+-----+--------------+---------+---------+------------+----+
| 23  | pFouls       | INTEGER | 0       | NULL       | 0  |
+-----+--------------+---------+---------+------------+----+
| 24  | points       | INTEGER | 0       | NULL       | 0  |
+-----+--------------+---------+---------+------------+----+
| 25  | gamesPlayed  | INTEGER | 0       | NULL       | 0  |
+-----+--------------+---------+---------+------------+----+
| 26  | gamesStarted | INTEGER | 0       | NULL       | 0  |
+-----+--------------+---------+---------+------------+----+
| 27  | plusMinus    | INTEGER | 0       | NULL       | 0  |
+-----+--------------+---------+---------+------------+----+
| 28  | min          | INTEGER | 0       | NULL       | 0  |
+-----+--------------+---------+---------+------------+----+
| 29  | dd2          | INTEGER | 0       | NULL       | 0  |
+-----+--------------+---------+---------+------------+----+
| 30  | td3          | INTEGER | 0       | NULL       | 0  |
+-----+--------------+---------+---------+------------+----+
31 rows in set (0.00 sec)
```

```
SELECT *
  FROM PRAGMA_TABLE_INFO('players');
```

```
+-----+---------------------+---------+---------+------------+----+
| cid | name                | type    | notnull | dflt_value | pk |
+-----+---------------------+---------+---------+------------+----+
| 0   | firstName           | TEXT    | 0       | NULL       | 0  |
```

```
+-----+----------------------+---------+--------+----------+----+
| 1   | lastName             | TEXT    | 0      | NULL     | 0  |
+-----+----------------------+---------+--------+----------+----+
| 2   | temporaryDisplayName | TEXT    | 0      | NULL     | 0  |
+-----+----------------------+---------+--------+----------+----+
| 3   | personId             | INTEGER | 0      | NULL     | 1  |
+-----+----------------------+---------+--------+----------+----+
| 4   | teamId               | INTEGER | 0      | NULL     | 0  |
+-----+----------------------+---------+--------+----------+----+
| 5   | jersey               | INTEGER | 0      | NULL     | 0  |
+-----+----------------------+---------+--------+----------+----+
| 6   | pos                  | TEXT    | 0      | NULL     | 0  |
+-----+----------------------+---------+--------+----------+----+
| 7   | heightFeet           | INTEGER | 0      | NULL     | 0  |
+-----+----------------------+---------+--------+----------+----+
| 8   | heightInches         | INTEGER | 0      | NULL     | 0  |
+-----+----------------------+---------+--------+----------+----+
| 9   | heightMeters         | REAL    | 0      | NULL     | 0  |
+-----+----------------------+---------+--------+----------+----+
| 10  | weightPounds         | REAL    | 0      | NULL     | 0  |
+-----+----------------------+---------+--------+----------+----+
| 11  | weightKilograms      | REAL    | 0      | NULL     | 0  |
+-----+----------------------+---------+--------+----------+----+
| 12  | dateOfBirthUTC       | TEXT    | 0      | NULL     | 0  |
+-----+----------------------+---------+--------+----------+----+
| 13  | nbaDebutYear         | INTEGER | 0      | NULL     | 0  |
+-----+----------------------+---------+--------+----------+----+
| 14  | yearsPro             | INTEGER | 0      | NULL     | 0  |
+-----+----------------------+---------+--------+----------+----+
| 15  | collegeName          | TEXT    | 0      | NULL     | 0  |
+-----+----------------------+---------+--------+----------+----+
| 16  | lastAffiliation      | TEXT    | 0      | NULL     | 0  |
+-----+----------------------+---------+--------+----------+----+
| 17  | country              | TEXT    | 0      | NULL     | 0  |
+-----+----------------------+---------+--------+----------+----+
18 rows in set (0.00 sec)
```

```
SELECT *
  FROM PRAGMA_TABLE_INFO('teams');
```

```
+-----+----------------+---------+---------+------------+----+
| cid | name           | type    | notnull | dflt_value | pk |
+-----+----------------+---------+---------+------------+----+
| 0   | city           | TEXT    | 0       | NULL       | 0  |
+-----+----------------+---------+---------+------------+----+
| 1   | fullName       | TEXT    | 0       | NULL       | 0  |
+-----+----------------+---------+---------+------------+----+
| 2   | isNBAFranchise | TEXT    | 0       | NULL       | 0  |
+-----+----------------+---------+---------+------------+----+
| 3   | confName       | TEXT    | 0       | NULL       | 0  |
+-----+----------------+---------+---------+------------+----+
| 4   | tricode        | TEXT    | 0       | NULL       | 0  |
+-----+----------------+---------+---------+------------+----+
| 5   | teamShortName  | TEXT    | 0       | NULL       | 0  |
+-----+----------------+---------+---------+------------+----+
| 6   | divName        | TEXT    | 0       | NULL       | 0  |
+-----+----------------+---------+---------+------------+----+
| 7   | isAllStar      | TEXT    | 0       | NULL       | 0  |
+-----+----------------+---------+---------+------------+----+
| 8   | nickname       | TEXT    | 0       | NULL       | 0  |
+-----+----------------+---------+---------+------------+----+
| 9   | urlName        | TEXT    | 0       | NULL       | 0  |
+-----+----------------+---------+---------+------------+----+
| 10  | teamId         | INTEGER | 0       | NULL       | 1  |
+-----+----------------+---------+---------+------------+----+
| 11  | altCityName    | TEXT    | 0       | NULL       | 0  |
+-----+----------------+---------+---------+------------+----+
12 rows in set (0.00 sec)
```

2.6.4 學習資料庫 twElection2020

```
SELECT *
  FROM PRAGMA_TABLE_INFO('admin_regions');
```

```
+-----+---------+---------+---------+------------+----+
| cid | name    | type    | notnull | dflt_value | pk |
+-----+---------+---------+---------+------------+----+
| 0   | id      | INTEGER | 0       | NULL       | 1  |
+-----+---------+---------+---------+------------+----+
| 1   | county  | TEXT    | 0       | NULL       | 0  |
+-----+---------+---------+---------+------------+----+
| 2   | town    | TEXT    | 0       | NULL       | 0  |
+-----+---------+---------+---------+------------+----+
| 3   | village | TEXT    | 0       | NULL       | 0  |
+-----+---------+---------+---------+------------+----+
4 rows in set (0.00 sec)

SELECT *
  FROM PRAGMA_TABLE_INFO('candidates');

+-----+-----------+---------+---------+------------+----+
| cid | name      | type    | notnull | dflt_value | pk |
+-----+-----------+---------+---------+------------+----+
| 0   | id        | INTEGER | 0       | NULL       | 1  |
+-----+-----------+---------+---------+------------+----+
| 1   | party_id  | INTEGER | 0       | NULL       | 0  |
+-----+-----------+---------+---------+------------+----+
| 2   | type      | TEXT    | 0       | NULL       | 0  |
+-----+-----------+---------+---------+------------+----+
| 3   | number    | INTEGER | 0       | NULL       | 0  |
+-----+-----------+---------+---------+------------+----+
| 4   | candidate | TEXT    | 0       | NULL       | 0  |
+-----+-----------+---------+---------+------------+----+
5 rows in set (0.00 sec)

SELECT *
  FROM PRAGMA_TABLE_INFO('legislative_at_large');

+-----+-----------------+---------+---------+------------+----+
| cid | name            | type    | notnull | dflt_value | pk |
+-----+-----------------+---------+---------+------------+----+
| 0   | admin_region_id | INTEGER | 0       | NULL       | 0  |
+-----+-----------------+---------+---------+------------+----+
| 1   | office          | INTEGER | 0       | NULL       | 0  |
+-----+-----------------+---------+---------+------------+----+
| 2   | party_id        | INTEGER | 0       | NULL       | 0  |
+-----+-----------------+---------+---------+------------+----+
| 3   | votes           | INTEGER | 0       | NULL       | 0  |
+-----+-----------------+---------+---------+------------+----+
4 rows in set (0.00 sec)
```

```
SELECT *
  FROM PRAGMA_TABLE_INFO('legislative_regional');
```

cid	name	type	notnull	dflt_value	pk
0	admin_region_id	INTEGER	0	NULL	0
1	electoral_district	TEXT	0	NULL	0
2	office	INTEGER	0	NULL	0
3	candidate_id	INTEGER	0	NULL	0
4	votes	INTEGER	0	NULL	0

5 rows in set (0.00 sec)

```
SELECT *
  FROM PRAGMA_TABLE_INFO('parties');
```

cid	name	type	notnull	dflt_value	pk
0	id	INTEGER	0	NULL	1
1	party	TEXT	0	NULL	0

2 rows in set (0.00 sec)

```
SELECT *
  FROM PRAGMA_TABLE_INFO('presidential');
```

cid	name	type	notnull	dflt_value	pk
0	admin_region_id	INTEGER	0	NULL	0
1	office	INTEGER	0	NULL	0
2	candidate_id	INTEGER	0	NULL	0
3	votes	INTEGER	0	NULL	0

4 rows in set (0.00 sec)

重 點 統 整

◉ 本書使用 SQLiteStudio 的安裝版本 3.2.1（之後更新版本的 SQLiteStudio 都改為免安裝設定），讀者必須依照自己電腦的作業系統選擇不同副檔名的安裝檔下載。

◉ 光是在 SQLiteStudio 顯示「Hello, World!」還不足以確認讀者是否有順利完成下載學習資料庫並用 SQLiteStudio 連線，因此還會查詢四個學習資料庫中第一個資料表（依照英文字母順序排列）的「前五列、所有欄」。

◉ 藉由查詢四個學習資料庫每一個資料表的元資料（Metadata）來獲得每一欄的資訊。

延 伸 閱 讀

◉ SQLiteStudio https://sqlitestudio.pl

◉ 哈囉世界 https://zh.m.wikipedia.org/zh-tw/Hello_World

03

從資料表選擇

讀者如果是資料科學的初學者,可以略過下述的程式碼;讀者如果不是資料科學的初學者,欲使用 JupyterLab 執行本章節內容,必須先執行下述程式碼載入所需模組與連接資料庫。

```
%LOAD sqlite3 db=../databases/imdb.db timeout=2 shared_cache=true
ATTACH "../databases/nba.db" AS nba;
ATTACH "../databases/twElection2020.db" AS twElection2020;
ATTACH "../databases/covid19.db" AS covid19;
```

3.1 複習一下

在第二章「建立學習環境」我們寫作了 SQL 敘述完成哈囉世界、檢視學習資料庫中第一個資料表(依照英文字母順序排列)的「前五列、所有欄」,藉此確認學習環境能夠妥善運行。

```
SELECT 'Hello, World!';
```

```
+-----------------+
| 'Hello, World!' |
+-----------------+
| Hello, World!   |
+-----------------+
1 row in set (0.00 sec)

SELECT *
  FROM actors
 LIMIT 5;

+----+--------------------+
| id | name               |
+----+--------------------+
| 1  | Aamir Khan         |
+----+--------------------+
| 2  | Aaron Eckhart      |
+----+--------------------+
| 3  | Aaron Lazar        |
+----+--------------------+
| 4  | Abbas-Ali Roomandi |
+----+--------------------+
| 5  | Abbey Lee          |
+----+--------------------+
5 rows in set (0.00 sec)
```

在第二章「建立學習環境」我們寫作了 SQL 敘述查詢四個學習資料庫每一個資料表的元資料（Metadata）來獲得每一欄的資訊。

```
SELECT *
  FROM PRAGMA_TABLE_INFO('actors');

+-----+------+---------+---------+------------+----+
| cid | name | type    | notnull | dflt_value | pk |
+-----+------+---------+---------+------------+----+
| 0   | id   | INTEGER | 0       | NULL       | 1  |
+-----+------+---------+---------+------------+----+
```

```
| 1     | name | TEXT    | 0       | NULL        | 0  |
+-----+------+---------+---------+-------------+----+
2 rows in set (0.00 sec)
```

3.2 SQL 敘述的組成

藉由觀察這三個 SQL 敘述，我們可以將 SQL 敘述歸納為以下幾個部分的組成：

- ◉ 保留字：具有特定功能的指令，例如 SELECT、FROM 與 LIMIT。

- ◉ 符號：具有特定功能的符號，例如 * 與 ;。

- ◉ 常數：由使用者給予的資料，例如 'Hello, World!'。

- ◉ 函數：具有特定邏輯的輸入與輸出對應，例如 PRAGMA_TABLE_INFO()。

其中 SELECT 是「選擇」欄的保留字，FROM 是指定「從」哪個資料表查詢，LIMIT m 是讓查詢結果顯示前 m 列，* 表示「所有欄」，; 表示一段 SQL 敘述的結束。我們習慣以 (m, n) 來描述一個具有 m 列、n 欄的資料表或者查詢結果，其中 m 不包含欄名那一列，舉例來說 SELECT 'Hello, World!'; 的查詢結果是 (1, 1)。

```
SELECT 'Hello, World!';

+-----------------+
| 'Hello, World!' |
+-----------------+
| Hello, World!   |
+-----------------+
1 row in set (0.00 sec)
```

SELECT * FROM actors LIMIT 5; 的查詢結果是 (5, 2)

```
SELECT *
  FROM actors
 LIMIT 5;
```

```
+----+--------------------+
| id | name               |
+----+--------------------+
| 1  | Aamir Khan         |
+----+--------------------+
| 2  | Aaron Eckhart      |
+----+--------------------+
| 3  | Aaron Lazar        |
+----+--------------------+
| 4  | Abbas-Ali Roomandi |
+----+--------------------+
| 5  | Abbey Lee          |
+----+--------------------+
5 rows in set (0.00 sec)
```

3.3 查詢結果顯示常數：SELECT constants

使用單獨存在的 SELECT 保留字指定希望在查詢結果中顯示的常數，常用的常數類別有四種，分別是整數、浮點數、文字與空值，我們可以使用 TYPEOF() 函數顯示常數或者資料表欄位的類別，當 SELECT 之後有不只一個資料的時候就用逗號，分隔。

常數類別	範例
整數 integer	7, 19, 5566, ...etc.
浮點數 real	2.718, 3.14159, ...etc.
文字 text	'Hello, World!', 'SQL', ...etc.
空值 null	NULL

```
SELECT 5566,
       TYPEOF(5566);
```

```
+------+---------------+
| 5566 | TYPEOF(5566)  |
+------+---------------+
| 5566 | integer       |
+------+---------------+
1 row in set (0.00 sec)
```

```
SELECT 2.718,
       TYPEOF(2.718);
```

```
+-------+----------------+
| 2.718 | TYPEOF(2.718)  |
+-------+----------------+
| 2.718 | real           |
+-------+----------------+
1 row in set (0.00 sec)
```

```
SELECT 'Hello, World!',
       TYPEOF('Hello, World!');
```

```
+----------------+-------------------------+
| 'Hello, World!' | TYPEOF('Hello, World!') |
+----------------+-------------------------+
| Hello, World!  | text                    |
+----------------+-------------------------+
1 row in set (0.00 sec)
```

```
SELECT NULL,
       TYPEOF(NULL);
```

```
+------+---------------+
| NULL | TYPEOF(NULL)  |
+------+---------------+
| NULL | null          |
+------+---------------+
1 row in set (0.00 sec)
```

3.4 在敘述中添加註解

寫作 SQL 敘述會有需要在其中添加註解（Comments）的時候，註解是不會被關聯式資料庫管理系統執行的說明文字，通常作為與工作上的同事、或者未來的自己（看不懂自己從前所寫的程式是相當常見的），說明 SQL 敘述中值得注意的事項或者邏輯，常用的註解形式有單行註解、行末註解與多行註解。

單行註解：用兩個減號 -- 標註並且單獨存在一行。

```
-- single line comment
SELECT columns
  FROM table
 LIMIT m;
```

行末註解：用兩個減號 -- 標註，但是置放於一行 SQL 敘述的句尾。

```
SELECT columns -- end of line comment
  FROM table    -- end of line comment
 LIMIT m;        -- end of line comment
```

多行註解：用 /* 開頭、*/ 結尾來標註。

```
/*
multiple-line comments...
multiple-line comments...
multiple-line comments...
*/
SELECT columns
  FROM table
 LIMIT m;
```

3.5 為查詢結果限制顯示列數：LIMIT

```
SELECT columns
  FROM table
 LIMIT m;
```

因為資料表中的觀測值列數可能都有很多筆，為了在有限的版面顯示，我們可以透過 LIMIT 保留字讓查詢結果顯示前 m 列即可。

```
SELECT *
  FROM movies
 LIMIT 1;
```

```
+----+-------------------------+--------------+--------+----------------+---------+
| id | title                   | release_year | rating | director       | runtime |
+----+-------------------------+--------------+--------+----------------+---------+
| 1  | The Shawshank Redemption | 1994        | 9.3    | Frank Darabont | 142     |
+----+-------------------------+--------------+--------+----------------+---------+
1 row in set (0.00 sec)
```

```
SELECT *
  FROM movies
 LIMIT 3;
```

```
+----+-------------------------+--------------+--------+-----------------------+---------+
| id | title                   | release_year | rating | director              | runtime |
+----+-------------------------+--------------+--------+-----------------------+---------+
| 1  | The Shawshank Redemption | 1994        | 9.3    | Frank Darabont        | 142     |
+----+-------------------------+--------------+--------+-----------------------+---------+
| 2  | The Godfather           | 1972         | 9.2    | Francis Ford Coppola  | 175     |
+----+-------------------------+--------------+--------+-----------------------+---------+
| 3  | The Dark Knight         | 2008         | 9      | Christopher Nolan     | 152     |
+----+-------------------------+--------------+--------+-----------------------+---------+
3 rows in set (0.00 sec)
```

3.6 選擇資料表欄位：SELECT columns FROM table;

從資料表選擇欄位的時候使用 SELECT 與 FROM 保留字分別指定欄位名稱與資料表名稱，若希望從資料表選擇「所有」欄位，可以使用星號（*）達成。

```
SELECT *
  FROM movies
 LIMIT 5;
```

id	title	release_year	rating	director	runtime
1	The Shawshank Redemption	1994	9.3	Frank Darabont	142
2	The Godfather	1972	9.2	Francis Ford Coppola	175
3	The Dark Knight	2008	9	Christopher Nolan	152
4	The Godfather Part II	1974	9	Francis Ford Coppola	202
5	12 Angry Men	1957	9	Sidney Lumet	96

5 rows in set (0.00 sec)

在 SELECT 後加入欄的名稱讓查詢結果只顯示資料表中指定的欄。

```
SELECT title
  FROM movies
 LIMIT 5;
```

title
The Shawshank Redemption

```
| The Godfather            |
+--------------------------+
| The Dark Knight          |
+--------------------------+
| The Godfather Part II    |
+--------------------------+
| 12 Angry Men             |
+--------------------------+
5 rows in set (0.00 sec)
```

在 SELECT 後加入欄的名稱讓查詢結果只顯示資料表中指定的多個欄，在不同欄名稱之間用逗號分隔。

```
SELECT title,
       release_year,
       director
  FROM movies
 LIMIT 5;
```

```
+--------------------------+--------------+----------------------+
| title                    | release_year | director             |
+--------------------------+--------------+----------------------+
| The Shawshank Redemption | 1994         | Frank Darabont       |
+--------------------------+--------------+----------------------+
| The Godfather            | 1972         | Francis Ford Coppola |
+--------------------------+--------------+----------------------+
| The Dark Knight          | 2008         | Christopher Nolan    |
+--------------------------+--------------+----------------------+
| The Godfather Part II    | 1974         | Francis Ford Coppola |
+--------------------------+--------------+----------------------+
| 12 Angry Men             | 1957         | Sidney Lumet         |
+--------------------------+--------------+----------------------+
5 rows in set (0.00 sec)
```

3.7 為查詢結果取別名：`AS alias`

```
SELECT constants AS alias;

SELECT columns AS alias
  FROM table;
```

我們可以透過 `AS` 保留字來為查詢的結果取別名，不論是常數或者是資料
表的欄，都能在查詢結果中以指定的名稱顯示。

```
SELECT 'Hello, World!' AS hello_world,
       TYPEOF('Hello, World!') AS typeof_hello_world;
```

```
+---------------+--------------------+
| hello_world   | typeof_hello_world |
+---------------+--------------------+
| Hello, World! | text               |
+---------------+--------------------+
1 row in set (0.00 sec)
```

```
SELECT title AS movie,
       release_year AS released_in,
       director AS directed_by
  FROM movies
 LIMIT 5;
```

```
+----------------------------+-------------+----------------------+
| movie                      | released_in | directed_by          |
+----------------------------+-------------+----------------------+
| The Shawshank Redemption   | 1994        | Frank Darabont       |
+----------------------------+-------------+----------------------+
| The Godfather              | 1972        | Francis Ford Coppola |
+----------------------------+-------------+----------------------+
| The Dark Knight            | 2008        | Christopher Nolan    |
+----------------------------+-------------+----------------------+
| The Godfather Part II      | 1974        | Francis Ford Coppola |
+----------------------------+-------------+----------------------+
| 12 Angry Men               | 1957        | Sidney Lumet         |
+----------------------------+-------------+----------------------+
5 rows in set (0.00 sec)
```

3.8 為查詢結果剔除重複值：DISTINCT

```
SELECT DISTINCT columns
  FROM table;
```

我們可以透過 DISTINCT 保留字來為查詢的結果剔除重複值，舉例來說，在 imdb 資料庫的 movies 資料表中 director 欄的前 10 列可以看到重複出現的導演如 Francis Ford Coppola（執導教父三部曲）與 Peter Jackson（執導魔戒三部曲）。

```
SELECT director
  FROM movies
 LIMIT 10;
```

```
+----------------------+
| director             |
+----------------------+
| Frank Darabont       |
+----------------------+
| Francis Ford Coppola |
+----------------------+
| Christopher Nolan    |
+----------------------+
| Francis Ford Coppola |
+----------------------+
| Sidney Lumet         |
+----------------------+
| Steven Spielberg     |
+----------------------+
| Peter Jackson        |
+----------------------+
| Quentin Tarantino    |
+----------------------+
| Peter Jackson        |
+----------------------+
| Sergio Leone         |
+----------------------+
10 rows in set (0.00 sec)
```

在加入 DISTINCT 保留字之後同樣顯示前 10 列，可以清楚發現已經沒有重複出現的導演。

```
SELECT DISTINCT director
  FROM movies
 LIMIT 10;

+----------------------+
| director             |
+----------------------+
| Frank Darabont       |
+----------------------+
| Francis Ford Coppola |
+----------------------+
| Christopher Nolan    |
+----------------------+
| Sidney Lumet         |
+----------------------+
| Steven Spielberg     |
+----------------------+
| Peter Jackson        |
+----------------------+
| Quentin Tarantino    |
+----------------------+
| Sergio Leone         |
+----------------------+
| Robert Zemeckis      |
+----------------------+
| David Fincher        |
+----------------------+
10 rows in set (0.00 sec)
```

3.9 SQL 風格指南

閱讀到這裡，讀者對於寫作過的 SQL 敘述應該有一些疑惑，例如保留字大寫、換行或者句首的空白（縮排，Indentation），如果沒有遵照這樣

的方式寫作會不會影響查詢結果呢？答案是「不會」，SQL 具有幾個語言特性：

1. 一段 SQL 敘述最後要以分號；做為結束的標註。

2. 保留字的大小寫並不會影響執行結果，也就是俗稱的大小寫不敏感（Case insensitive）。

3. 常數有固定的書寫方式，像是文字要用一組單引號 `'some texts'` 標註，整數、浮點數與空值可以直接寫作。

4. 保留字之間要以空格或者換行來區隔。

在 SQL 的敘述中保留字大小寫、是否換行或者是否有縮排，都不會對查詢結果有任何的影響。例如下列的這段 SQL 敘述，保留字大小寫、換行與縮排都相當隨興，但卻沒有影響到查詢的結果。

```
Select title, release_year,
        rating
from movies liMiT 5;
```

```
+--------------------------+--------------+--------+
| title                    | release_year | rating |
+--------------------------+--------------+--------+
| The Shawshank Redemption | 1994         | 9.3    |
+--------------------------+--------------+--------+
| The Godfather            | 1972         | 9.2    |
+--------------------------+--------------+--------+
| The Dark Knight          | 2008         | 9      |
+--------------------------+--------------+--------+
| The Godfather Part II    | 1974         | 9      |
+--------------------------+--------------+--------+
| 12 Angry Men             | 1957         | 9      |
+--------------------------+--------------+--------+
5 rows in set (0.00 sec)
```

唯一不能夠隨興寫作的是 SQL 敘述中保留字彼此之間的「相對順序」，例如目前所學的幾個保留字 SELECT、FROM、LIMIT 等。

```
SELECT DISTINCT columns AS alias
  FROM table
 LIMIT m;
```

如果調動保留字的相對順序，就會得到語法錯誤的訊息（Syntax error），例如對調 LIMIT 與 FROM 的順序。

```
SELECT DISTINCT director AS distinct_director
 LIMIT 10
  FROM movies;
near "FROM": syntax error while preparing "SELECT DISTINCT director
AS distinct_director
 LIMIT 10
  FROM movies;".
```

又或者對調 SELECT 與 FROM 的順序。

```
  FROM movies
SELECT DISTINCT director AS distinct_director
 LIMIT 10;
near "FROM": syntax error while preparing "  FROM movies
SELECT DISTINCT director AS distinct_director
 LIMIT 10;".
```

只需要遵守保留字的書寫順序讓 SQL 寫作時有很大的彈性，但是這不代表只要查詢結果是正確的，就可以隨心所欲地寫作。有時候我們必須顧慮到可讀性（Readability），特別是在工作時，可讀性更為重要，因為工作上可能會遭遇到協作、程式碼審查（Code review）、維運、代理或者交接等情境，在這些時候查詢結果正確僅是最低門檻，可讀性必須要能達到前述情境中所要求的程度。推薦的作法是參考一份工作團隊、協作夥伴或者自己喜歡並且願意去遵從的風格指南（Style guide），風格指南指的是一套規範程式語言在寫作時必須遵從的編排、格式和設計的準

則，風格指南能夠確保每一段程式碼都和其他不同人寫作的程式碼有高度一致性，被眾多使用者採用的 SQL 風格指南有：

- ◉ Simon Holywell 的風格指南 https://bit.ly/sql-style
- ◉ GitLab 的風格指南 https://bit.ly/sql-style-gitlab
- ◉ Mozilla 的風格指南 https://docs.telemetry.mozilla.org/concepts/sql_style.html

本書採用 Simon Holywell 的風格指南來寫作 SQL，其中值得注意的幾個重點有：

- ◉ 敘述換行與縮排是採用靠右對齊的編排格式。
- ◉ 保留字與函數採用全大寫。
- ◉ 取別名的時候採用蛇形命名法（Snake case），例如 `alias_for_some_variables`。

```
SELECT DISTINCT director AS distinct_director
  FROM movies
 LIMIT 10;
```

```
+----------------------+
| distinct_director    |
+----------------------+
| Frank Darabont       |
+----------------------+
| Francis Ford Coppola |
+----------------------+
| Christopher Nolan    |
+----------------------+
| Sidney Lumet         |
+----------------------+
| Steven Spielberg     |
+----------------------+
| Peter Jackson        |
```

```
+----------------------+
| Quentin Tarantino    |
+----------------------+
| Sergio Leone         |
+----------------------+
| Robert Zemeckis      |
+----------------------+
| David Fincher        |
+----------------------+
10 rows in set (0.00 sec)
```

除了參閱、遵從 Simon Holywell 的風格指南，我們也可以善用 SQLiteStudio 的 Format SQL 功能，在編輯器範圍按右鍵，讓寫作的 SQL 敘述之編排、格式和設計具備更高的可讀性。

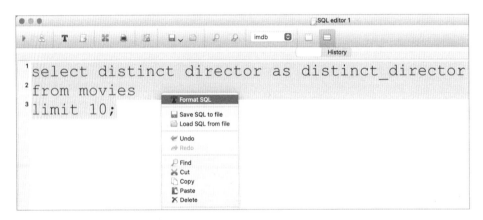

重點統整

◉ 我們可以將 SQL 敘述歸納為以下幾個部分的組成:

- 保留字:具有特定功能的指令。

- 符號:具有特定功能的符號。

- 常數:由使用者給予的資料。

- 函數:具有特定邏輯的輸入與輸出對應。

◉ 本書採用 Simon Holywell 的風格指南來寫作 SQL,其中值得注意的幾個重點有:

- 敘述換行與縮排是採用靠右對齊的編排格式。

- 保留字與函數採用全大寫。

- 取別名的時候採用蛇形命名法(Snake case)。

◉ 這個章節學起來的 SQL 保留字:

- SELECT

- FROM

- LIMIT

- AS

- DISTINCT

◉ 將截至目前所學的 SQL 保留字集中在一個敘述中,寫作順序必須遵從標準 SQL 的規定。

```
SELECT DISTINCT columns AS alias
  FROM table
 LIMIT m;
```

練 習 題

練習題會涵蓋四個學習資料庫，記得要依據題目的需求，調整編輯器選單的學習資料庫，在自己電腦的 SQLiteStudio 寫出跟預期輸出相同的 SQL 敘述，寫作過程如果卡關了，可以參考附錄 A「練習題參考解答」。

01 從 `twElection2020` 資料庫的 `admin_regions` 資料表選擇所有變數，並且使用 LIMIT 5 顯示前五列資料，參考下列的預期查詢結果。

預期輸出 (5, 4) 的查詢結果。

```
+----+-----------+-----------+-----------+
| id | county    | town      | village   |
+----+-----------+-----------+-----------+
| 1  | 南投縣     | 中寮鄉     | 中寮村     |
+----+-----------+-----------+-----------+
| 2  | 南投縣     | 中寮鄉     | 內城村     |
+----+-----------+-----------+-----------+
| 3  | 南投縣     | 中寮鄉     | 八仙村     |
+----+-----------+-----------+-----------+
| 4  | 南投縣     | 中寮鄉     | 和興村     |
+----+-----------+-----------+-----------+
| 5  | 南投縣     | 中寮鄉     | 崁頂村     |
+----+-----------+-----------+-----------+
5 rows in set (0.00 sec)
```

02 從 **nba** 資料庫的球隊資料表 **teams** 中選擇 **confName**、**divName**、**fullName** 三個變數，並且使用 **LIMIT 10** 顯示前十列資料，參考下列預期的查詢結果。

預期輸出 (10, 3) 的查詢結果。

```
+----------+-----------+-----------------------+
| confName | divName   | fullName              |
+----------+-----------+-----------------------+
| East     | Southeast | Atlanta Hawks         |
+----------+-----------+-----------------------+
| East     | Atlantic  | Boston Celtics        |
+----------+-----------+-----------------------+
| East     | Central   | Cleveland Cavaliers   |
+----------+-----------+-----------------------+
| West     | Southwest | New Orleans Pelicans  |
+----------+-----------+-----------------------+
| East     | Central   | Chicago Bulls         |
+----------+-----------+-----------------------+
| West     | Southwest | Dallas Mavericks      |
+----------+-----------+-----------------------+
| West     | Northwest | Denver Nuggets        |
+----------+-----------+-----------------------+
| West     | Pacific   | Golden State Warriors |
+----------+-----------+-----------------------+
| West     | Southwest | Houston Rockets       |
+----------+-----------+-----------------------+
| West     | Pacific   | LA Clippers           |
+----------+-----------+-----------------------+
10 rows in set (0.00 sec)
```

03 從 **nba** 資料庫的球員資料表 **players** 中選擇 **firstName**、**lastName** 兩個變數,並依序取別名為 **first_name**、**last_name**,使用 **LIMIT 5** 顯示前五列資料,參考下列預期的查詢結果。

預期輸出 (5, 2) 的查詢結果。

```
+------------+-----------+
| first_name | last_name |
+------------+-----------+
| LeBron     | James     |
+------------+-----------+
| Carmelo    | Anthony   |
+------------+-----------+
| Udonis     | Haslem    |
+------------+-----------+
| Dwight     | Howard    |
+------------+-----------+
| Andre      | Iguodala  |
+------------+-----------+
5 rows in set (0.00 sec)
```

04 從 **twElection2020** 資料庫的 **admin_regions** 資料表選擇「不重複」的縣市(**county**),參考下列的預期查詢結果。

預期輸出 (22, 1) 的查詢結果。

```
+-------------------+
| distinct_counties |
+-------------------+
| 南投縣            |
+-------------------+
| 嘉義市            |
+-------------------+
| 嘉義縣            |
+-------------------+
| 基隆市            |
+-------------------+
```

```
| 宜蘭縣           |
+------------------+
| 屏東縣           |
+------------------+
| 彰化縣           |
+------------------+
| 新北市           |
+------------------+
| 新竹市           |
+------------------+
| 新竹縣           |
+------------------+
| 桃園市           |
+------------------+
| 澎湖縣           |
+------------------+
| 臺中市           |
+------------------+
| 臺北市           |
+------------------+
| 臺南市           |
+------------------+
| 臺東縣           |
+------------------+
| 花蓮縣           |
+------------------+
| 苗栗縣           |
+------------------+
| 連江縣           |
+------------------+
| 金門縣           |
+------------------+
| 雲林縣           |
+------------------+
| 高雄市           |
+------------------+
22 rows in set (0.01 sec)
```

05 從 **nba** 資料庫的 **teams** 資料表選擇「不重複」的分組（**divName**），
參考下列的預期查詢結果。

預期輸出 (6, 1) 的查詢結果。

```
+--------------------+
| distinct_divisions |
+--------------------+
| Southeast          |
+--------------------+
| Atlantic           |
+--------------------+
| Central            |
+--------------------+
| Southwest          |
+--------------------+
| Northwest          |
+--------------------+
| Pacific            |
+--------------------+
6 rows in set (0.00 sec)
```

04

衍生計算欄位

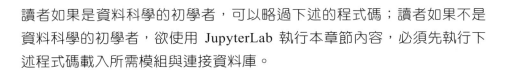

讀者如果是資料科學的初學者,可以略過下述的程式碼;讀者如果不是資料科學的初學者,欲使用 JupyterLab 執行本章節內容,必須先執行下述程式碼載入所需模組與連接資料庫。

```
%LOAD sqlite3 db=../databases/imdb.db timeout=2 shared_cache=true
ATTACH "../databases/covid19.db" AS covid19;
ATTACH "../databases/nba.db" AS nba;
```

4.1 複習一下

使用單獨存在的 SELECT 保留字指定希望在查詢結果中顯示的常數,常用的常數類別有四種,分別是整數、浮點數、文字與空值,我們可以使用 TYPEOF() 函數顯示常數或者資料表欄位的類別。

```
SELECT 5566 AS an_integer,
       2.718 AS a_real,
       'Hello, World!' AS a_text,
       NULL AS a_null;
```

```
+------------+--------+---------------+--------+
| an_integer | a_real | a_text        | a_null |
+------------+--------+---------------+--------+
| 5566       | 2.718  | Hello, World! | NULL   |
+------------+--------+---------------+--------+
1 row in set (0.00 sec)

SELECT TYPEOF(5566) AS typeof_an_integer,
       TYPEOF(2.718) AS typeof_a_real,
       TYPEOF('Hello, World!') AS typeof_a_text,
       TYPEOF(NULL) AS typeof_a_null;

+-------------------+---------------+---------------+---------------+
| typeof_an_integer | typeof_a_real | typeof_a_text | typeof_a_null |
+-------------------+---------------+---------------+---------------+
| integer           | real          | text          | null          |
+-------------------+---------------+---------------+---------------+
1 row in set (0.00 sec)
```

在第三章「從資料表選擇」我們將 SQL 敘述歸納為以下幾個部分的組成：

- ⊙ 保留字：具有特定功能的指令。

- ⊙ 符號：具有特定功能的符號。

- ⊙ 常數：由使用者給予的資料。

- ⊙ 函數：具有特定邏輯的輸入與輸出對應。

4.2 運算符

其中在「符號」這個部分，我們可以使用屬於符號分類下的運算符（Operators），來對不同資料類別進行運算，包含整數、浮點數、文字與空值，不僅能運算常數，亦能運算資料表的欄。運算符區分為：

1. 數值運算符：應用在資料類別為整數或浮點數的常數或欄位，運算結果為數值。

2. 文字運算符：應用在資料類別為文字的常數或欄位，運算結果為文字。

3. 關係運算符：應用會得到條件判斷結果 0（布林值 False）或 1（布林值 True）兩者其中之一。

4. 邏輯運算符：應用在資料類別屬於 0（布林值 False）或 1（布林值 True）的敘述、常數或欄位，運算結果為布林值。

4.3 數值運算符

針對整數（integer）與帶小數點的浮點數（real）的常數或欄位可以使用數值運算符衍生計算欄位，運算結果為數值，基礎的數值運算符有：

數值運算符	作用描述
+	相加
–	相減
*	相乘
/	相除
%	回傳餘數
()	優先運算

```
SELECT 55 + 66 AS add_two_integers,
       55 - 66 AS subtract_two_integers,
       55 * 66 AS multiply_two_integers,
       7 / 2 AS divide_two_integers,
       7 % 2 AS modulo;
```

```
+------------------+---------------------+---------------------+-------------------+--------+
| add_two_integers | subtract_two_integers | multiply_two_integers | divide_two_integers | modulo |
+------------------+---------------------+---------------------+-------------------+--------+
| 121              | -11                 | 3630                | 3                 | 1      |
+------------------+---------------------+---------------------+-------------------+--------+
1 row in set (0.00 sec)
```

值得注意的是使用 / 相除兩個整數的時候要特別注意所衍生的欄位依然會以整數（integer）存在，如果希望調整運算結果為浮點數（real），就要將分子或分母至少一者改變為浮點數，最簡單的做法就是乘以 1.0。

```
SELECT 7 / 2 AS divide_two_integers,
       7 * 1.0 / 2 AS divide_real,
       7 / 2 * 1.0 AS divide_integer; -- be aware of the priority
of operation
```

```
+---------------------+-------------+----------------+
| divide_two_integers | divide_real | divide_integer |
+---------------------+-------------+----------------+
| 3                   | 3.5         | 3.0            |
+---------------------+-------------+----------------+
1 row in set (0.00 sec)
```

前述例子在分子乘以 1.0 能順利獲得預期運算結果 3.5，但是在分母乘以 1.0 卻仍然是 3.0，原因在於運算的優先順序，乘除的運算優先順序相同（先乘除後加減），在沒有以 () 指定優先運算時，會先算完 7 / 2 才算 3 * 1.0，所以若是將分母改為浮點數，必須使用 () 指定優先運算。

```
SELECT 7 / 2 AS divide_two_integers,
       7 * 1.0 / 2 AS divide_real,
       7 / (2 * 1.0) AS divide_by_real; -- be aware of the priority
of operation
```

```
+--------------------+------------+----------------+
| divide_two_integers | divide_real | divide_by_real |
+--------------------+------------+----------------+
| 3                  | 3.5        | 3.5            |
+--------------------+------------+----------------+
1 row in set (0.00 sec)
```

除了常數，我們也能運用數值運算符於資料類別為整數或浮點數的欄
位，舉例來說，在 imdb 資料庫的 movies 資料表中 runtime 欄是以「分
鐘」記錄電影長度，我們可以透過相除運算符 / 以及回傳餘數運算符 %
衍生運算電影長度為 x 小時 y 分鐘。

```
SELECT runtime,
       runtime / 60 AS hours,
       runtime % 60 AS minutes
  FROM movies
 LIMIT 5;
```

```
+---------+-------+---------+
| runtime | hours | minutes |
+---------+-------+---------+
| 142     | 2     | 22      |
+---------+-------+---------+
| 175     | 2     | 55      |
+---------+-------+---------+
| 152     | 2     | 32      |
+---------+-------+---------+
| 202     | 3     | 22      |
+---------+-------+---------+
| 96      | 1     | 36      |
+---------+-------+---------+
5 rows in set (0.00 sec)
```

4.4 文字運算符

針對文字（text）的常數或欄位可以使用文字運算符衍生計算欄位，運算結果為文字，相較於數值運算符，文字運算符的數量少了許多，僅有 || 兩個垂直線（可透過 Shift + \ 按出來）能夠**連接文字**。

```
SELECT 'Tony' AS first_name,
       'Stark' AS last_name,
       'Tony' || ' ' || 'Stark' AS ironman;

+------------+-----------+------------+
| first_name | last_name | ironman    |
+------------+-----------+------------+
| Tony       | Stark     | Tony Stark |
+------------+-----------+------------+
1 row in set (0.00 sec)
```

除了常數，我們也能運用文字運算符於資料類別為文字的欄位，舉例來說，前一個小節我們透過相除運算符 / 以及回傳餘數運算符 % 衍生運算電影長度為 x 小時 y 分鐘，可以進一步用 || 將兩個衍生欄位再連接為一欄。

```
SELECT runtime,
       (runtime / 60) || ' hours ' || (runtime % 60) || ' minutes'
AS hours_minutes
  FROM movies
 LIMIT 5;

+---------+-------------------+
| runtime | hours_minutes     |
+---------+-------------------+
| 142     | 2 hours 22 minutes |
+---------+-------------------+
| 175     | 2 hours 55 minutes |
+---------+-------------------+
| 152     | 2 hours 32 minutes |
+---------+-------------------+
```

```
| 202      | 3 hours 22 minutes |
+---------+--------------------+
| 96       | 1 hours 36 minutes |
+---------+--------------------+
5 rows in set (0.00 sec)
```

由於 runtime / 60 與 runtime % 60 是整數的資料類別，使用文字運算符的同時產生了隱性類別轉換，如果想明確宣告類別轉換，就使用保留字 CAST。

```
SELECT CAST(constants/columns AS datatype)
  FROM table;
```

```
SELECT runtime / 60 AS hours,
       TYPEOF(runtime / 60) AS typeof_hours,
       CAST(runtime / 60 AS text) AS hours_text,              --
convert datatype explicitly
       TYPEOF(CAST(runtime / 60 AS text)) AS typeof_hours_text --
check datatype conversion
  FROM movies
 LIMIT 5;
```

```
+-------+--------------+------------+------------------+
| hours | typeof_hours | hours_text | typeof_hours_text |
+-------+--------------+------------+------------------+
| 2     | integer      | 2          | text             |
+-------+--------------+------------+------------------+
| 2     | integer      | 2          | text             |
+-------+--------------+------------+------------------+
| 2     | integer      | 2          | text             |
+-------+--------------+------------+------------------+
| 3     | integer      | 3          | text             |
+-------+--------------+------------+------------------+
| 1     | integer      | 1          | text             |
+-------+--------------+------------+------------------+
5 rows in set (0.00 sec)
```

4.5 關係運算符

針對常數或欄位可以使用關係運算符衍生計算欄位，應用後會得到 0（布林值 False）或 1（布林值 True）兩者其中之一，基礎的關係運算符有：

關係運算符	作用描述
=	相等
!=	不相等
>	大於
>=	大於等於
<	小於
<=	小於等於
LIKE	相似
IN	存在於
BETWEEN lower_bound AND upper_bound	大於等於 lower_bound 且小於等於 upper_bound
IS NULL	是否為空值

```
SELECT 55 = 66 AS False,
       55 != 66 AS True,
       55 > 55 AS False,
       55 >= 55 AS True,
       66 < 66 AS False,
       66 <= 66 AS True,
       'Apple' LIKE 'A%' AS True,
       'Banana' LIKE 'A%' AS False,
       'A' IN ('A', 'B', 'C') AS True,
       59 BETWEEN 55 AND 66 AS True,
       NULL IS NULL AS True;
```

```
+-------+------+-------+------+-------+------+------+-------+------+------+------+
| False | True | False | True | False | True | True | False | True | True | True |
+-------+------+-------+------+-------+------+------+-------+------+------+------+
| 0     | 1    | 0     | 1    | 0     | 1    | 1    | 0     | 1    | 1    | 1    |
+-------+------+-------+------+-------+------+------+-------+------+------+------+
1 row in set (0.00 sec)
```

其中值得注意的是 `LIKE` 關係運算符，作用是文字特徵的判斷，會搭配萬用字元（Wildcards）使用，這裡我們使用了 `'%'` 萬用字元代表「任意文字、長短不拘」這樣的特徵；值得注意的還有 `IS NULL` 關係運算符，作用是判斷空值 `NULL` 是否存在。關係運算符在後續的「篩選觀測值」以及「條件邏輯」的章節中佔有舉足輕重的地位，我們屆時會再複習以及更詳細地解說。

除了常數，我們也能運用關係運算符於資料表的欄位，這時所形成的 0（布林值 `False`）或 1（布林值 `True`）就會隨著列數而產生基於列（Row-wise）的運算。

```sql
SELECT rating >= 9 AS rating_is_high,
       director == 'Steven Spielberg' AS
is_directed_by_steven_spielberg,
       title IN ('The Shawshank Redemption', 'The Dark Knight') AS
is_specific_movie
  FROM movies
 LIMIT 10;
```

```
+----------------+---------------------------------+------------------+
| rating_is_high | is_directed_by_steven_spielberg | is_specific_movie |
+----------------+---------------------------------+------------------+
| 1              | 0                               | 1                |
+----------------+---------------------------------+------------------+
| 1              | 0                               | 0                |
+----------------+---------------------------------+------------------+
| 1              | 0                               | 1                |
+----------------+---------------------------------+------------------+
| 1              | 0                               | 0                |
```

```
+----------------+----------------+------------------+------------------+
| 1              | 0              |                  | 0                |
+----------------+----------------+------------------+------------------+
| 1              | 1              |                  | 0                |
+----------------+----------------+------------------+------------------+
| 1              | 0              |                  | 0                |
+----------------+----------------+------------------+------------------+
| 0              | 0              |                  | 0                |
+----------------+----------------+------------------+------------------+
| 0              | 0              |                  | 0                |
+----------------+----------------+------------------+------------------+
| 0              | 0              |                  | 0                |
+----------------+----------------+------------------+------------------+
10 rows in set (0.00 sec)
```

4.6 邏輯運算符

針對常數或欄位可以使用邏輯運算符衍生計算欄位，應用在資料類別屬於 0（布林值 False）或 1（布林值 True）的敘述、常數或欄位，運算結果為布林值，基礎的邏輯運算符有：

邏輯運算符	作用描述
AND	和，交集
OR	或，聯集
NOT	反轉布林值，將 0（布林值 False）與 1（布林值 True）互換

```
SELECT 0 AND 0 AS False,
       0 AND 1 AS False,
       1 AND 1 AS True,
       0 OR 0 AS False,
       0 OR 1 AS True,
       1 OR 1 AS True,
       'Apple' NOT LIKE 'A%' AS False,
       'Banana' NOT LIKE 'A%' AS True,
       'A' NOT IN ('A', 'B', 'C') AS False,
```

```
      59 NOT BETWEEN 55 AND 66 AS False,
      NULL IS NOT NULL AS False;
```

```
+-------+-------+------+-------+------+------+-------+------+-------+-------+-------+
| False | False | True | False | True | True | False | True | False | False | False |
+-------+-------+------+-------+------+------+-------+------+-------+-------+-------+
| 0     | 0     | 1    | 0     | 1    | 1    | 0     | 1    | 0     | 0     | 0     |
+-------+-------+------+-------+------+------+-------+------+-------+-------+-------+
1 row in set (0.00 sec)
```

除了常數，我們也能運用邏輯運算符於資料表的欄位，這時所形成的 0
（布林值 False）或 1（布林值 True）就會隨著列數而產生基於列
（Row-wise）的運算。

```
SELECT rating >= 9 AND release_year < 2000 AS
rating_is_high_and_released_before_millennium,
       director == 'Steven Spielberg' OR
       director == 'Christopher Nolan' AS
is_directed_by_steven_spielberg_or_christopher_nolan,
       title == 'The Shawshank Redemption' OR
       title == 'The Dark Knight' AS is_specific_movie
  FROM movies
 LIMIT 10;
```

關係運算符與邏輯運算符在後續的「從資料表篩選」以及「條件邏輯」
的章節中佔有舉足輕重的地位，我們屆時會再複習並更詳細地解說。

重點統整

◉ 運算符區分為：

- 數值運算符：應用在資料類別為整數或浮點數的常數或欄位，運算結果為數值。

- 文字運算符：應用在資料類別為文字的常數或欄位，運算結果為文字。

- 關係運算符：應用會得到條件判斷結果 0（布林值 False）或 1（布林值 True）兩者其中之一。

- 邏輯運算符：應用在資料類別屬於 0（布林值 False）或 1（布林值 True）的敘述、常數或欄位，運算結果為布林值。

◉ 這個章節學起來的 SQL 保留字：

- CAST

- LIKE

- IN

- BETWEEN lower_bound AND upper_bound

- IS NULL

- AND

- OR

- NOT

◉ 將截至目前所學的 SQL 保留字集中在一個敘述中，寫作順序必須遵從標準 SQL 的規定。

```
SELECT DISTINCT columns AS alias
  FROM table
 LIMIT m;
```

練習題

練習題會涵蓋四個學習資料庫，記得要依據題目的需求，調整編輯器選單的學習資料庫，在自己電腦的 SQLiteStudio 寫出跟預期輸出相同的 SQL 敘述，寫作過程如果卡關了，可以參考附錄 A「練習題參考解答」。

06 從 `covid19` 資料庫的 `daily_report` 資料表根據 `Confirmed`、`Deaths` 欄位以及下列公式衍生計算欄位 `Fatality_Ratio`，參考下列的預期查詢結果。

$$Fatality\_Ratio = \frac{Deaths}{Confirmed}$$

預期輸出　(4011, 3) 的查詢結果。

```
-- 礙於紙本篇幅僅顯示出前五列示意
+-----------+--------+---------------------+
| Confirmed | Deaths | Fatality_Ratio      |
+-----------+--------+---------------------+
| 180347    | 7705   | 0.0427231947301591  |
+-----------+--------+---------------------+
| 276101    | 3497   | 0.0126656549595981  |
+-----------+--------+---------------------+
| 265884    | 6875   | 0.0258571407079779  |
+-----------+--------+---------------------+
| 42894     | 153    | 0.00356693243810323 |
+-----------+--------+---------------------+
| 99761     | 1900   | 0.0190455187899079  |
+-----------+--------+---------------------+
5 rows in set (0.00 sec)
```

07 從 nba 資料庫的 players 資料表依據 heightMeters、weightKilograms 欄位以及下列公式衍生計算欄位 bmi，參考右列的預期查詢結果。

$$\text{BMI} = \frac{\text{weight}_{\text{kg}}}{\text{height}_{\text{m}}^2}$$

預期輸出 (506, 3) 的查詢結果。

```
-- 礙於紙本篇幅僅顯示出前五列示意
+--------------+-----------------+-------------------+
| heightMeters | weightKilograms | bmi               |
+--------------+-----------------+-------------------+
| 2.06         | 113.4           | 26.7225940239419  |
+--------------+-----------------+-------------------+
| 2.01         | 108             | 26.7320115838717  |
+--------------+-----------------+-------------------+
| 2.03         | 106.6           | 25.8681356014463  |
+--------------+-----------------+-------------------+
| 2.08         | 120.2           | 27.7829142011834  |
+--------------+-----------------+-------------------+
| 1.98         | 97.5            | 24.8699112335476  |
+--------------+-----------------+-------------------+
5 rows in set (0.00 sec)
```

08 從 nba 資料庫的 teams 資料表連接 confName、divName 欄位後使用 DISTINCT 去除重複值，參考下列的預期查詢結果。

預期輸出 (6, 1) 的查詢結果。

```
+-----------------+
| conf_div        |
+-----------------+
| East, Southeast |
+-----------------+
| East, Atlantic  |
+-----------------+
| East, Central   |
+-----------------+
| West, Southwest |
+-----------------+
| West, Northwest |
+-----------------+
| West, Pacific   |
+-----------------+
6 rows in set (0.00 sec)
```

05

函數

讀者如果是資料科學的初學者，可以略過下述的程式碼；讀者如果不是資料科學的初學者，欲使用 JupyterLab 執行本章節內容，必須先執行下述程式碼載入所需模組與連接資料庫。

```
%LOAD sqlite3 db=../databases/imdb.db timeout=2 shared_cache=true
ATTACH "../databases/covid19.db" AS covid19;
ATTACH "../databases/nba.db" AS nba;
ATTACH "../databases/twElection2020.db" AS twElection2020;
```

5.1 複習一下

在第三章「從資料表選擇」我們將 SQL 敘述歸納為以下幾個部分的組成：

- ⊙ 保留字：具有特定功能的指令。
- ⊙ 符號：具有特定功能的符號。

◉ 常數：由使用者給予的資料。

◉ 函數：具有特定邏輯的輸入與輸出對應。

其中在「函數」這個部分，我們可以使用函數來對不同資料類別應用，包含整數、浮點數、文字與空值，藉此讓輸入經由特定邏輯處理後對應為輸出，函數不僅能應用於常數之上，亦能應用在資料表的欄。

5.2 函數

Function，中文翻譯為函數或者函式，在資料分析和程式語言中都扮演舉足輕重的角色！函數是預先被定義好的運算處理邏輯，透過它的作用，能夠將「輸入」對應為「輸出」，進而完成計算數值、操作文字以及資料類別相關等任務。函數可以粗略分為兩大類：

1. 通用函數（Universal functions）。
2. 聚合函數（Aggregate functions）。

其中通用函數又能細分為四種：

1. 資料類別相關。
2. 計算數值。
3. 操作文字。
4. 操作日期時間。

理解函數的運作首先我們要認識函數是怎麼組成的，函數由「函數的名稱」、「輸入」、「參數」、「運算處理邏輯」以及「輸出」所組成，以日常生活中去手搖飲料店買珍珠奶茶來比喻會更容易理解：

◉ 函數的名稱：去手搖飲料店買珍珠奶茶。

- ◉ 輸入（Input）：珍珠奶茶的價錢。

- ◉ 參數（Parameter）：甜度以及冰度。

- ◉ 運算處理邏輯：從訂單成立、製作珍珠奶茶、封口最後是成品。

- ◉ 輸出（Output）：依據價錢、甜度與冰度所製作的珍珠奶茶。

來源：Photo by Rosalind Chang on Unsplash

使用函數的語法是：

```
SELECT FUNCTION(input, parameter) AS alias
```

以一個常用的數值運算函數 ROUND() 為例說明，ROUND() 函數能夠對輸入的浮點數四捨五入至指定小數點位數：

```
SELECT 2.718 AS e,
       ROUND(2.718) AS round_e_0,    -- round to 0 digit
       ROUND(2.718, 1) AS round_e_1, -- round to 1 digit
       ROUND(2.718, 2) AS round_e_2; -- round to 2 digits
```

```
+-------+-----------+-----------+-----------+
| e     | round_e_0 | round_e_1 | round_e_2 |
+-------+-----------+-----------+-----------+
| 2.718 | 3.0       | 2.7       | 2.72      |
+-------+-----------+-----------+-----------+
1 row in set (0.00 sec)
```

再以另一個常用的文字操作函數 SUBSTR() 為例說明，SUBSTR() 函數能夠對輸入的文字從指定起點擷取指定長度的字串：

```
SELECT 'Tony Stark' AS ironman,
       SUBSTR('Tony Stark', 1, 4) AS first_name, -- sub-string from
the 1st character for length of 4
       SUBSTR('Tony Stark', 6, 5) AS last_name;  -- sub-string from
the 6th character for length of 5
```

```
+------------+------------+-----------+
| ironman    | first_name | last_name |
+------------+------------+-----------+
| Tony Stark | Tony       | Stark     |
+------------+------------+-----------+
1 row in set (0.00 sec)
```

函數中的輸入與參數有時不一定需要指定，有些函數的設計不需要輸入，例如 DATE() 函數能夠回傳電腦當下的日期；有些函數的設計參數具有預設（Default），如果沒有指定就採用預設，例如 ROUND() 函數如果沒有指定四捨五入至幾位小數，則會採用 0 為預設，意即四捨五入到整數位數、小數位數 0。

```
SELECT ROUND(2.718) AS round_e_0,
       DATE() AS todays_date;
```

使用函數還有一點值得注意的概念：複合函數（Composite functions），意即在函數中包括函數、先後使用多個函數，先使用的函數輸出將會成

為後使用的函數輸入。舉例來說，SUBSTR() 函數的輸出為 'Bos'，成為
UPPER() 函數的輸入，最後的輸出為 'BOS'。

```
SELECT 'Boston' AS city,
       UPPER(SUBSTR('Boston', 1, 3)) AS composite_function;

+--------+--------------------+
| city   | composite_function |
+--------+--------------------+
| Boston | BOS                |
+--------+--------------------+
1 row in set (0.00 sec)
```

5.3 通用函數與聚合函數

前一個小節我們提到函數可以粗略分為兩大類：通用函數（Universal
functions）與聚合函數（Aggregate functions），之所以區分為兩類，是
因為函數的作用方向不同，跟資料表是由列（水平方向）與欄（垂直方
向）所組成的二維表格概念契合，通用函數作用在「水平方向」、聚合
函數作用在「垂直方向」。具體來說，通用函數的特徵是每列觀測值對
應一個輸出結果，效果類似「衍生計算欄位」，差別在於一個是以函數
輸出衍生計算欄位，一個則是以運算符生成衍生計算欄位，例如常用的
數值運算函數 ROUND() 就是一個通用函數。

```
SELECT rating,
       ROUND(rating) AS round_rating
  FROM movies
 LIMIT 5;

+--------+--------------+
| rating | round_rating |
+--------+--------------+
| 9.3    | 9.0          |
+--------+--------------+
```

```
| 9.2    | 9.0          |
+--------+--------------+
| 9      | 9.0          |
+--------+--------------+
| 9      | 9.0          |
+--------+--------------+
| 9      | 9.0          |
+--------+--------------+
5 rows in set (0.00 sec)
```

常用的文字操作函數 SUBSTR() 同樣也是一個通用函數。

```
SELECT title,
       SUBSTR(title, 1, 3) AS substr_title
  FROM movies
 LIMIT 4;
```

```
+--------------------------+--------------+
| title                    | substr_title |
+--------------------------+--------------+
| The Shawshank Redemption | The          |
+--------------------------+--------------+
| The Godfather            | The          |
+--------------------------+--------------+
| The Dark Knight          | The          |
+--------------------------+--------------+
| The Godfather Part II    | The          |
+--------------------------+--------------+
4 rows in set (0.00 sec)
```

聚合函數的特徵是一欄變數、m 列觀測值對應一個輸出結果，例如常用
於摘要數值的函數 AVG() 就是一個通用函數，AVG() 函數能夠對輸入的數
值欄位取其平均值。

```
SELECT AVG(rating) AS avg_rating
  FROM movies;
```

```
+------------------+
| avg_rating       |
+------------------+
| 8.30719999999998 |
+------------------+
1 row in set (0.00 sec)
```

聚合函數的特徵是一欄變數、m 列觀測值對應一個輸出結果，例如常用於摘要數值的函數 AVG() 就是一個通用函數，AVG() 函數能夠對輸入的數值欄位取其平均值。

5.4 通用函數

每列觀測值對應一個輸出結果的通用函數又可以細分為四種類型：

1. 資料類別相關。

2. 計算數值。

3. 操作文字。

4. 操作日期時間。

我們從 SQLite 的官方文件 https://bit.ly/sqlite-corefunc 挑出部分函數跟讀者簡介，不會一一示範，讀者只要理解函數的使用語法：

```
SELECT FUNCTION(input, parameter) AS alias
```

以及本章少數的函數使用範例，應該能夠舉一反三。

5.4.1 通用函數：資料類別相關 TYPEOF()

使用 TYPEOF() 函數顯示常數或者資料表欄位的類別。

```
SELECT TYPEOF(release_year) AS typeof_release_year,
       TYPEOF(rating) AS typeof_rating,
       TYPEOF(title) AS typeof_title
  FROM movies
 LIMIT 1;
```

```
+---------------------+---------------+--------------+
| typeof_release_year | typeof_rating | typeof_title |
+---------------------+---------------+--------------+
| integer             | real          | text         |
+---------------------+---------------+--------------+
1 row in set (0.00 sec)
```

5.4.2 通用函數：資料類別相關 IFNULL()

使用 IFNULL() 函數回傳輸入常數或者資料表欄位中的第一個非空值資料，若皆為空值則回傳空值。

```
SELECT IFNULL(NULL, NULL) AS null_value,
       IFNULL(NULL, 'Null replaced by text') AS text_value;
```

```
+------------+-----------------------+
| null_value | text_value            |
+------------+-----------------------+
| NULL       | Null replaced by text |
+------------+-----------------------+
1 row in set (0.00 sec)
```

舉例來說，在 covid19 資料庫的 lookup_table 資料表中 Province_State 與 Admin2 欄都有空值的存在，如果對這兩欄分別使用 IFNULL() 函數，可以將空值取代為指定文字。

```
SELECT Province_State,
       IFNULL(Province_State, 'No province data') AS
province_or_text_value,
       Admin2,
```

```
        IFNULL(Admin2, 'No county data') AS county_or_text_value
   FROM lookup_table
   LIMIT 5;
```

```
+---------------+---------------------+--------+---------------------+
| Province_State | province_or_text_value | Admin2 | county_or_text_value |
+---------------+---------------------+--------+---------------------+
| NULL          | No province data    | NULL   | No county data      |
+---------------+---------------------+--------+---------------------+
| NULL          | No province data    | NULL   | No county data      |
+---------------+---------------------+--------+---------------------+
| NULL          | No province data    | NULL   | No county data      |
+---------------+---------------------+--------+---------------------+
| NULL          | No province data    | NULL   | No county data      |
+---------------+---------------------+--------+---------------------+
| American Samoa | American Samoa      | NULL   | No county data      |
+---------------+---------------------+--------+---------------------+
5 rows in set (0.00 sec)
```

5.4.3 通用函數：資料類別相關 COALESCE()

使用 COALESCE() 函數回傳輸入常數或者資料表欄位中的第一個非空值資料，若皆為空值則回傳空值，與 IFNULL() 不同的地方在於可以接受兩個以上的輸入。

```
SELECT COALESCE(NULL, NULL) AS null_value,
       COALESCE(NULL, 'Null replaced by text') AS text_value,
       COALESCE(NULL, NULL, 'Null replaced by text') AS text_value;
```

```
+------------+-----------------------+-----------------------+
| null_value | text_value            | text_value            |
+------------+-----------------------+-----------------------+
| NULL       | Null replaced by text | Null replaced by text |
+------------+-----------------------+-----------------------+
1 row in set (0.00 sec)
```

舉例來說，在 `covid19` 資料庫的 `lookup_table` 資料表中 Province_State 與 Admin2 欄都有空值的存在，如果對這兩欄使用 COALESCE() 函數，可以在僅有 Admin2 為空值的列數回傳 Province_State 值；在 Province_State 與 Admin2 皆為空值的列數回傳指定文字。

```
SELECT Province_State,
       Admin2,
       COALESCE(Province_State, Admin2) AS province_or_null,
       COALESCE(Province_State, Admin2, 'No province or county
data') AS province_or_text_value
  FROM lookup_table
 LIMIT 5;
```

```
+----------------+--------+-----------------+---------------------------+
| Province_State | Admin2 | province_or_null | province_or_text_value    |
+----------------+--------+-----------------+---------------------------+
| NULL           | NULL   | NULL            | No province or county data |
+----------------+--------+-----------------+---------------------------+
| NULL           | NULL   | NULL            | No province or county data |
+----------------+--------+-----------------+---------------------------+
| NULL           | NULL   | NULL            | No province or county data |
+----------------+--------+-----------------+---------------------------+
| NULL           | NULL   | NULL            | No province or county data |
+----------------+--------+-----------------+---------------------------+
| American Samoa | NULL   | American Samoa  | American Samoa            |
+----------------+--------+-----------------+---------------------------+
5 rows in set (0.00 sec)
```

5.4.4 通用函數：計算數值 ROUND()

ROUND() 函數能夠對輸入的浮點數四捨五入至指定小數點位數。

```
SELECT runtime,
       ROUND(runtime/60.0) AS hours_0,    -- round to 0 digit
       ROUND(runtime/60.0, 1) AS hours_1, -- round to 1 digit
       ROUND(runtime/60.0, 2) AS hours_2  -- round to 2 digits
```

```
  FROM movies
  LIMIT 5;
```

```
+---------+---------+---------+---------+
| runtime | hours_0 | hours_1 | hours_2 |
+---------+---------+---------+---------+
| 142     | 2.0     | 2.4     | 2.37    |
+---------+---------+---------+---------+
| 175     | 3.0     | 2.9     | 2.92    |
+---------+---------+---------+---------+
| 152     | 3.0     | 2.5     | 2.53    |
+---------+---------+---------+---------+
| 202     | 3.0     | 3.4     | 3.37    |
+---------+---------+---------+---------+
| 96      | 2.0     | 1.6     | 1.6     |
+---------+---------+---------+---------+
5 rows in set (0.00 sec)
```

5.4.5 通用函數：操作文字 LENGTH()

LENGTH() 函數可以計算輸入文字資料類別中有幾個字元，包含空格以及標點符號。

```
SELECT title,
       LENGTH(title) AS length_title
  FROM movies
 LIMIT 5;
```

```
+--------------------------+--------------+
| title                    | length_title |
+--------------------------+--------------+
| The Shawshank Redemption | 24           |
+--------------------------+--------------+
| The Godfather            | 13           |
+--------------------------+--------------+
| The Dark Knight          | 15           |
+--------------------------+--------------+
| The Godfather Part II    | 21           |
```

```
+--------------------------+--------------+
| 12 Angry Men             | 12           |
+--------------------------+--------------+
5 rows in set (0.00 sec)
```

5.4.6 通用函數：操作文字 SUBSTR()

SUBSTR() 函數可利用位置與長度將輸入文字的指定段落擷取出來。

```
SELECT title,
       SUBSTR(title, 1, 3) AS substr_title
  FROM movies
 LIMIT 4;
```

```
+--------------------------+--------------+
| title                    | substr_title |
+--------------------------+--------------+
| The Shawshank Redemption | The          |
+--------------------------+--------------+
| The Godfather            | The          |
+--------------------------+--------------+
| The Dark Knight          | The          |
+--------------------------+--------------+
| The Godfather Part II    | The          |
+--------------------------+--------------+
4 rows in set (0.00 sec)
```

5.4.7 通用函數：操作文字 LOWER() 與 UPPER()

LOWER() 與 UPPER() 函數可以調整英文的大小寫。

```
SELECT title,
       LOWER(title) AS lower_title,
       UPPER(title) AS upper_title
  FROM movies
 LIMIT 5;
```

```
+-------------------------+-------------------------+-------------------------+
| title                   | lower_title             | upper_title             |
+-------------------------+-------------------------+-------------------------+
| The Shawshank Redemption | the shawshank redemption | THE SHAWSHANK REDEMPTION |
+-------------------------+-------------------------+-------------------------+
| The Godfather           | the godfather           | THE GODFATHER           |
+-------------------------+-------------------------+-------------------------+
| The Dark Knight         | the dark knight         | THE DARK KNIGHT         |
+-------------------------+-------------------------+-------------------------+
| The Godfather Part II   | the godfather part ii   | THE GODFATHER PART II   |
+-------------------------+-------------------------+-------------------------+
| 12 Angry Men            | 12 angry men            | 12 ANGRY MEN            |
+-------------------------+-------------------------+-------------------------+
5 rows in set (0.00 sec)
```

5.4.8 通用函數：操作日期時間

DATE('now', 'localtime')、TIME('now', 'localtime') 與 DATETIME('now', 'localtime') 函數可以顯示電腦時區現在的日期、時間與日期時間，並且以 ISO-8601 標準格式 YYYY-MM-DD HH:MM:SS 呈現

```
SELECT DATE('now', 'localtime') AS date_now,
       TIME('now', 'localtime') AS time_now,
       DATETIME('now', 'localtime') AS datetime_now;
```

我們也可以輸入 ISO-8601 標準格式作為日期、時間或日期時間。

```
SELECT DATE('2022-12-31') AS date_20221231,
       TIME('23:59:59') AS time_235959,
       DATETIME('2022-12-31 23:59:59') AS datetime_20221231235959;

+---------------+-------------+-------------------------+
| date_20221231 | time_235959 | datetime_20221231235959 |
+---------------+-------------+-------------------------+
| 2022-12-31    | 23:59:59    | 2022-12-31 23:59:59     |
+---------------+-------------+-------------------------+
1 row in set (0.00 sec)
```

5.4.9 通用函數：操作日期時間 STRFTIME()

STRFTIME() 函數可以調整日期、時間或日期時間的顯示格式，常用的日期、時間格式參數有：

- ◉ %d：二位數的日（01-31）

- ◉ %j：一年中的第幾天（001-366）

- ◉ %m：二位數的月（01-12）

- ◉ %w：一星期中的第幾天（0-6）

- ◉ %W：一年中的第幾週（00-53）

- ◉ %Y：四位數的年（0000-9999）

- ◉ %H：兩位數的小時（00-24）

- ◉ %M：兩位數的分鐘（00-59）

- ◉ %S：兩位數的秒（00-59）

```
SELECT '2022-12-31 23:59:59' AS datetime_20221231235959,
        STRFTIME('%d', '2022-12-31 23:59:59') AS day_part,
        STRFTIME('%j', '2022-12-31 23:59:59') AS day_of_year,
        STRFTIME('%m', '2022-12-31 23:59:59') AS month_part,
        STRFTIME('%w', '2022-12-31 23:59:59') AS weekday,
        STRFTIME('%W', '2022-12-31 23:59:59') AS nth_week,
        STRFTIME('%Y', '2022-12-31 23:59:59') AS year_part,
        STRFTIME('%H:%M:%S', '2022-12-31 23:59:59') AS time_part;
```

	datetime_2022123123	day_part	day_of_year	month_part	weekday	nth_week	year_part	time_part
1	2022-12-31 23:59:59	31	365	12	6	52	2022	23:59:59

註：此處輸出結果過寬，於書中呈現的效果不佳，故改以圖片方式呈現輸出結果供讀者參照。

5.5 聚合函數

一欄變數、m 列觀測值對應一個輸出結果的常用聚合函數有：

- ◉ AVG()：計算欄位的平均數。

- ◉ COUNT(*)：計算資料表的列數。

- ◉ COUNT(column)：計算欄位的「非空值」列數。

- ◉ MIN()：計算欄位的最小值。

- ◉ MAX()：計算欄位的最大值。

- ◉ SUM()：計算欄位的加總。

聚合函數的名稱和其中所含的運算處理邏輯是相當直觀的，例如 AVG() 作用即為 average、MIN() 作用即為 minimum、MAX() 作用即為 maximum。

```
SELECT AVG(rating) AS avg_rating,
       MIN(rating) AS min_rating,
       MAX(rating) AS max_rating
  FROM movies;
```

```
+------------------+------------+------------+
| avg_rating       | min_rating | max_rating |
+------------------+------------+------------+
| 8.30719999999998 | 8.0        | 9.3        |
+------------------+------------+------------+
1 row in set (0.00 sec)
```

使用聚合函數 COUNT() 時候要注意兩種不同的用法，其一是輸入 * 藉以獲得資料表列數；另一則是輸入欄位的名稱獲得該欄位「非空值」列數，這兩種不同用法在沒有空值 NULL 的欄位上輸出是相同的，但是對於有空值 NULL 的欄位，就能夠發現差異之處。舉例來說，在 covid19 資料庫的 lookup_table 資料表中 Province_State 與 Admin2 欄都有空值的存在，如果對這兩欄使用 COUNT() 函數會得到與 COUNT(*) 不同的輸出結果；反之 lookup_table 資料表中 Combined_Key 欄沒有空值的存在，對它使用 COUNT() 函數會得到與 COUNT(*) 相同的輸出結果。

```
SELECT COUNT(*) AS nrows_table,
       COUNT(Province_State) AS non_null_province,
       COUNT(Admin2) AS non_null_county
  FROM lookup_table;

+-------------+-------------------+-----------------+
| nrows_table | non_null_province | non_null_county |
+-------------+-------------------+-----------------+
| 4317        | 4118              | 3344            |
+-------------+-------------------+-----------------+
1 row in set (0.01 sec)

SELECT COUNT(*) AS nrows_table,
       COUNT(Combined_Key) AS non_null_combined_key
  FROM lookup_table;

+-------------+-----------------------+
| nrows_table | non_null_combined_key |
+-------------+-----------------------+
| 4317        | 4317                  |
+-------------+-----------------------+
1 row in set (0.00 sec)
```

重 點 統 整

⊙ 需要特定函數處理資料類別相關、數值計算、文字操作或日期時間
操作時，可以查閱 SQLite 函數官方文件：

- 通用函數：https://bit.ly/sqlite-corefunc

- 日期時間操作函數：https://bit.ly/sqlite-dtfunc

- 聚合函數：https://bit.ly/sqlite-aggfunc

⊙ 將截至目前所學的 SQL 保留字集中在一個敘述中，寫作順序必須
遵從標準 SQL 的規定。

```
SELECT DISTINCT columns AS alias
  FROM table
 LIMIT m;
```

練習題

練習題會涵蓋四個學習資料庫，記得要依據題目的需求，調整編輯器選單的學習資料庫，在自己電腦的 SQLiteStudio 寫出跟預期輸出相同的 SQL 敘述，寫作過程如果卡關了，可以參考附錄 A「練習題參考解答」。

 從 nba 資料庫的 **players** 資料表依據 **heightMeters**、**weightKilograms** 以及下列公式衍生計算欄位 **bmi**，並使用 ROUND 函數將 **bmi** 的小數點位數調整為 2 位，參考下列的預期查詢結果。

$$\text{BMI} = \frac{\text{weight}_{\text{kg}}}{\text{height}^2_{\text{m}}}$$

預期輸出 (506, 3) 的查詢結果。

```
-- 礙於紙本篇幅僅顯示出前五列示意
+--------------+-----------------+-------+
| heightMeters | weightKilograms | bmi   |
+--------------+-----------------+-------+
| 2.06         | 113.4           | 26.72 |
+--------------+-----------------+-------+
| 2.01         | 108             | 26.73 |
+--------------+-----------------+-------+
| 2.03         | 106.6           | 25.87 |
+--------------+-----------------+-------+
| 2.08         | 120.2           | 27.78 |
+--------------+-----------------+-------+
| 1.98         | 97.5            | 24.87 |
+--------------+-----------------+-------+
5 rows in set (0.00 sec)
```

10 從 `nba` 資料庫的 `career_summaries` 資料表中依據 `assists`、`turnovers` 欄位以及下列公式衍生計算助攻失誤比，讓衍生計算欄位的資料類型爲浮點數 `REAL`，參考下列的預期查詢結果。

$$\text{Assist Turnover Ratio} = \frac{\text{Assists}}{\text{Turnovers}}$$

[預期輸出] (506, 3) 的查詢結果。

```
-- 礙於紙本篇幅僅顯示出前五列示意
+---------+-----------+-----------------------+
| assists | turnovers | assist_turnover_ratio |
+---------+-----------+-----------------------+
| 10045   | 4788      | 2.09795321637427      |
+---------+-----------+-----------------------+
| 3422    | 3052      | 1.12123197903014      |
+---------+-----------+-----------------------+
| 733     | 809       | 0.906056860321385     |
+---------+-----------+-----------------------+
| 1676    | 3302      | 0.507571168988492     |
+---------+-----------+-----------------------+
| 5128    | 2231      | 2.29852084267145      |
+---------+-----------+-----------------------+
5 rows in set (0.00 sec)
```

11 從 `covid19` 資料庫的 `time_series` 資料表依據 `Date` 變數，使用 `STRFTIME` 函數查詢時間序列資料有哪些不重複的月份，參考下列的預期查詢結果。

[預期輸出] (29, 1) 的查詢結果。

```
+---------------------+
| distinct_year_month |
+---------------------+
| 2020-01             |
+---------------------+
| 2020-02             |
+---------------------+
```

```
| 2020-03          |
+------------------+
| 2020-04          |
+------------------+
| 2020-05          |
+------------------+
| 2020-06          |
+------------------+
| 2020-07          |
+------------------+
| 2020-08          |
+------------------+
| 2020-09          |
+------------------+
| 2020-10          |
+------------------+
| 2020-11          |
+------------------+
| 2020-12          |
+------------------+
| 2021-01          |
+------------------+
| 2021-02          |
+------------------+
| 2021-03          |
+------------------+
| 2021-04          |
+------------------+
| 2021-05          |
+------------------+
| 2021-06          |
+------------------+
| 2021-07          |
+------------------+
| 2021-08          |
+------------------+
| 2021-09          |
+------------------+
| 2021-10          |
```

```
+---------------------+
| 2021-11             |
+---------------------+
| 2021-12             |
+---------------------+
| 2022-01             |
+---------------------+
| 2022-02             |
+---------------------+
| 2022-03             |
+---------------------+
| 2022-04             |
+---------------------+
| 2022-05             |
+---------------------+
29 rows in set (0.89 sec)
```

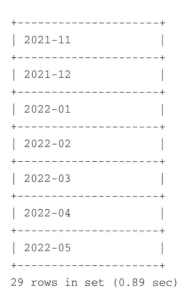 從 **twElection2020** 資料庫的 **presidential** 資料表利用聚合函數彙總有多少人參與了總統副總統的投票選舉，參考下列的預期查詢結果。

預期輸出 (1, 1) 的查詢結果。

```
+---------------------------+
| total_presidential_votes  |
+---------------------------+
| 14300940                  |
+---------------------------+
1 row in set (0.01 sec)
```

13 從 `covid19` 資料庫的 `daily_report` 資料表利用聚合函數彙總截至 2022-05-31 全世界總確診數以及總死亡數,參考下列的預期查詢結果。

註:本題不需考慮 `daily_report` 內的 `Last_Update` 時間戳記, `daily_report` 的數據有效期間就是 2022-05-31。

預期輸出   (1, 2) 的查詢結果。

```
+-----------------+---------------+
| total_confirmed | total_deaths  |
+-----------------+---------------+
| 529625234       | 6292512       |
+-----------------+---------------+
1 row in set (0.00 sec)
```

06

排序查詢結果

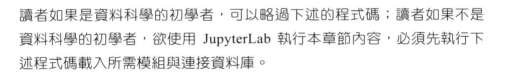

讀者如果是資料科學的初學者,可以略過下述的程式碼;讀者如果不是
資料科學的初學者,欲使用 JupyterLab 執行本章節內容,必須先執行下
述程式碼載入所需模組與連接資料庫。

```
%LOAD sqlite3 db=../databases/imdb.db timeout=2 shared_cache=true
ATTACH "../databases/covid19.db" AS covid19;
ATTACH "../databases/nba.db" AS nba;
```

6.1 以 ORDER BY 排序查詢結果

截至目前,我們撰寫的 SQL 敘述執行後獲得的查詢結果,都是依據原始
資料在資料表中存放的順序呈現,像是電影的流水編號(imdb 資料庫的
movies 資料表中 id 欄)或者演員的流水編號(imdb 資料庫的 actors 資
料表中 id 欄),在 SQL 敘述中加入 ORDER BY 保留字能指定欄位作為排
序依據。

```
SELECT columns
  FROM table
 ORDER BY columns;
```

原本 imdb 資料庫的 movies 資料表是依照電影的流水編號由小而大排序。

```
SELECT *
  FROM movies
 LIMIT 10;
```

	id	title	release_year	rating	director	runtime
1	1	The Shawshank Redemption	1994	9.3	Frank Darabont	142
2	2	The Godfather	1972	9.2	Francis Ford Coppola	175
3	3	The Dark Knight	2008	9	Christopher Nolan	152
4	4	The Godfather Part II	1974	9	Francis Ford Coppola	202
5	5	12 Angry Men	1957	9	Sidney Lumet	96
6	6	Schindler's List	1993	9	Steven Spielberg	195
7	7	The Lord of the Rings: The Return of the King	2003	9	Peter Jackson	201
8	8	Pulp Fiction	1994	8.9	Quentin Tarantino	154
9	9	The Lord of the Rings: The Fellowship of the Ring	2001	8.8	Peter Jackson	178
10	10	The Good,the Bad and the Ugly	1966	8.8	Sergio Leone	178

註：此處輸出結果過寬，於書中呈現的效果不佳，故改以圖片方式呈現輸出結果供讀者參照。

加入 ORDER BY release_year 能夠指定以電影的上映年份排序。

```
SELECT *
  FROM movies
 ORDER BY release_year
 LIMIT 10;
```

	id	title	release_year	rating	director	runtime
1	130	The Kid	1921	8.3	Charles Chaplin	68
2	193	Sherlock Jr.	1924	8.2	Buster Keaton	45
3	175	The Gold Rush	1925	8.2	Charles Chaplin	95
4	182	The General	1926	8.2	Clyde Bruckman	67
5	115	Metropolis	1927	8.3	Fritz Lang	153
6	207	The Passion of Joan of Arc	1928	8.2	Carl Theodor Dreyer	114
7	52	City Lights	1931	8.5	Charles Chaplin	87
8	97	M	1931	8.3	Fritz Lang	99
9	244	It Happened One Night	1934	8.1	Frank Capra	105
10	46	Modern Times	1936	8.5	Charles Chaplin	87

註：此處輸出結果過寬，於書中呈現的效果不佳，故改以圖片方式呈現輸出結果供讀者參照。

6.2 兩種排序方式

以 ORDER BY 排序查詢結果時可以採取兩種排序方式：

1. 遞增（或稱升冪）排序。

2. 遞減（或稱降冪）排序。

預設的方式為遞增（或稱升冪）排序，數值（包含整數、浮點數）會由小而大，文字會由 A 到 Z。

```
SELECT *
  FROM movies
 ORDER BY release_year -- ascending
 LIMIT 10;
```

	id	title	release_year	rating	director	runtime
1	130	The Kid	1921	8.3	Charles Chaplin	68
2	193	Sherlock Jr.	1924	8.2	Buster Keaton	45
3	175	The Gold Rush	1925	8.2	Charles Chaplin	95
4	182	The General	1926	8.2	Clyde Bruckman	67
5	115	Metropolis	1927	8.3	Fritz Lang	153
6	207	The Passion of Joan of Arc	1928	8.2	Carl Theodor Dreyer	114
7	52	City Lights	1931	8.5	Charles Chaplin	87
8	97	M	1931	8.3	Fritz Lang	99
9	244	It Happened One Night	1934	8.1	Frank Capra	105
10	46	Modern Times	1936	8.5	Charles Chaplin	87

註：此處輸出結果過寬，於書中呈現的效果不佳，故改以圖片方式呈現輸出結果
供讀者參照。

```
SELECT *
  FROM movies
 ORDER BY director -- ascending
 LIMIT 10;
```

	id	title	release_year	rating	director	runtime
1	125	Like Stars on Earth	2007	8.3	Aamir Khan	165
2	204	Mary and Max	2009	8.1	Adam Elliot	92
3	20	Seven Samurai	1954	8.6	Akira Kurosawa	207
4	92	High and Low	1963	8.4	Akira Kurosawa	143
5	107	Ikiru	1952	8.3	Akira Kurosawa	143
6	139	Ran	1985	8.2	Akira Kurosawa	162
7	146	Yojimbo	1961	8.2	Akira Kurosawa	110
8	148	Rashomon	1950	8.2	Akira Kurosawa	88
9	240	Dersu Uzala	1975	8.2	Akira Kurosawa	142
10	235	Amores perros	2000	8.1	Alejandro G.Iñárritu	154

註：此處輸出結果過寬，於書中呈現的效果不佳，故改以圖片方式呈現輸出結果
供讀者參照。

假如希望讓查詢結果遞減（或稱降冪）排序，數值（包含整數、浮點
數）會由大而小，文字會 Z 到 A，必須在欄位名稱後加上保留字 DESC。

```
SELECT *
  FROM movies
 ORDER BY release_year DESC -- descending
 LIMIT 10;
```

	id	title	release_year	rating	director	runtime
1	43	Top Gun: Maverick	2022	8.6	Joseph Kosinski	130
2	124	Everything Everywhere All at Once	2022	8.3	Dan Kwan	139
3	121	Spider-Man: No Way Home	2021	8.3	Jon Watts	148
4	114	Hamilton	2020	8.4	Thomas Kail	160
5	132	The Father	2020	8.2	Florian Zeller	97
6	35	Parasite	2019	8.5	Bong Joon Ho	132
7	71	Joker	2019	8.4	Todd Phillips	122
8	81	Avengers: Endgame	2019	8.4	Anthony Russo	181
9	123	1917	2019	8.2	Sam Mendes	119
10	198	Klaus	2019	8.1	Sergio Pablos	96

註：此處輸出結果過寬，於書中呈現的效果不佳，故改以圖片方式呈現輸出結果供讀者參照。

```
SELECT *
  FROM movies
 ORDER BY director DESC -- descending
 LIMIT 10;
```

	id	title	release_year	rating	director	runtime
1	211	Tokyo Story	1953	8.2	Yasujirô Ozu	136
2	77	The Boat	1981	8.4	Wolfgang Petersen	105
3	181	Ben-Hur	1959	8.1	William Wyler	212
4	227	The Best Years of Our Lives	1946	8.1	William Wyler	170
5	225	The Exorcist	1973	8.1	William Friedkin	122
6	190	The Grand Budapest Hotel	2014	8.1	Wes Anderson	99
7	122	Bicycle Thieves	1948	8.3	Vittorio De Sica	89
8	158	Gone with the Wind	1939	8.2	Victor Fleming	238
9	221	The Wizard of Oz	1939	8.1	Victor Fleming	102
10	38	American History X	1998	8.5	Tony Kaye	119

註：此處輸出結果過寬，於書中呈現的效果不佳，故改以圖片方式呈現輸出結果供讀者參照。

6.3 使用多個欄位排序

我們可以在 ORDER BY 之後指定不只一個欄位、不只一種排序方式，舉例來說，當我們以 release_year、rating 或者 director 排序時，會發現有一些電影的上映年份、imdb 評等以及導演是相同的，這時我們能夠再指

定其他欄位排序，如此一來在「先指定」的排序相同情況下就能再依據
「後指定」的欄位排序。舉例來說，先以 release_year 遞減排序、再依
rating 遞增排序、再依 title 遞增排序。

```
SELECT *
  FROM movies
 ORDER BY release_year DESC, -- descending
          rating,            -- ascending
          title              -- ascending
 LIMIT 10;
```

	id	title	release_year	rating	director	runtime
1	124	Everything Everywhere All at Once	2022	8.3	Dan Kwan	139
2	43	Top Gun: Maverick	2022	8.6	Joseph Kosinski	130
3	121	Spider-Man: No Way Home	2021	8.3	Jon Watts	148
4	132	The Father	2020	8.2	Florian Zeller	97
5	114	Hamilton	2020	8.4	Thomas Kail	160
6	214	Ford v Ferrari	2019	8.1	James Mangold	152
7	198	Klaus	2019	8.1	Sergio Pablos	96
8	123	1917	2019	8.2	Sam Mendes	119
9	81	Avengers: Endgame	2019	8.4	Anthony Russo	181
10	71	Joker	2019	8.4	Todd Phillips	122

註：此處輸出結果過寬，於書中呈現的效果不佳，故改以圖片方式呈現輸出結果
供讀者參照。

6.4 指定衍生計算欄位排序

除了能夠指定資料表中的欄位，ORDER BY 之後也能夠指定衍生計算欄位
作為排序依據，舉例來說，我們透過相除運算符 / 以及回傳餘數運算符
% 衍生運算電影長度為 x 小時 y 分鐘，再於 ORDER BY 敘述中指定以 hours
遞減排序、minutes 遞增排序。

```
SELECT runtime,
       runtime / 60 AS hours,
       runtime % 60 AS minutes
  FROM movies
```

```
ORDER BY hours DESC,
         minutes
LIMIT 10;
```

```
+---------+-------+---------+
| runtime | hours | minutes |
+---------+-------+---------+
| 180     | 3     | 0       |
+---------+-------+---------+
| 181     | 3     | 1       |
+---------+-------+---------+
| 181     | 3     | 1       |
+---------+-------+---------+
| 183     | 3     | 3       |
+---------+-------+---------+
| 185     | 3     | 5       |
+---------+-------+---------+
| 189     | 3     | 9       |
+---------+-------+---------+
| 191     | 3     | 11      |
+---------+-------+---------+
| 195     | 3     | 15      |
+---------+-------+---------+
| 201     | 3     | 21      |
+---------+-------+---------+
| 202     | 3     | 22      |
+---------+-------+---------+
10 rows in set (0.00 sec)
```

6.5 ORDER BY 搭配 LIMIT

結合 ORDER BY 與 LIMIT，可以輕鬆地進行「前 m 低」或「前 m 高」的資料分析，「前 m 低」的資料分析可以透過預設的遞增排序與 LIMIT m 達成。

```
-- bottom m observations
SELECT columns
  FROM table
 ORDER BY columns
 LIMIT m;
```

舉例來說，找出片長前十短的電影是哪些。

```
SELECT *
  FROM movies
 ORDER BY runtime
 LIMIT 10;
```

id	title	release_year	rating	director	runtime
193	Sherlock Jr.	1924	8.2	Buster Keaton	45
182	The General	1926	8.2	Clyde Bruckman	67
130	The Kid	1921	8.3	Charles Chaplin	68
226	Before Sunset	2004	8.1	Richard Linklater	80
75	Toy Story	1995	8.3	John Lasseter	81
239	Persona	1966	8.1	Ingmar Bergman	83
249	Beauty and the Beast	1991	8	Gary Trousdale	84
172	My Neighbor Totoro	1988	8.1	Hayao Miyazaki	86
46	Modern Times	1936	8.5	Charles Chaplin	87
52	City Lights	1931	8.5	Charles Chaplin	87

```
10 rows in set (0.00 sec)
```

「前 m 高」的資料分析可以透過指定遞減排序與 LIMIT m 達成。

```
-- top m observations
SELECT columns
  FROM table
 ORDER BY columns DESC
 LIMIT m;
```

舉例來說，找出片長前十長的電影是哪些

```
SELECT *
  FROM movies
 ORDER BY runtime DESC
 LIMIT 10;
```

	id	title	release_year	rating	director	runtime
1	158	Gone with the Wind	1939	8.2	Victor Fleming	238
2	80	Once Upon a Time in America	1984	8.3	Sergio Leone	229
3	95	Lawrence of Arabia	1962	8.3	David Lean	218
4	181	Ben-Hur	1959	8.1	William Wyler	212
5	20	Seven Samurai	1954	8.6	Akira Kurosawa	207
6	4	The Godfather Part II	1974	9	Francis Ford Coppola	202
7	7	The Lord of the Rings: The Return of the King	2003	9	Peter Jackson	201
8	6	Schindler's List	1993	9	Steven Spielberg	195
9	247	Gandhi	1982	8.1	Richard Attenborough	191
10	26	The Green Mile	1999	8.6	Frank Darabont	189

註：此處輸出結果過寬，於書中呈現的效果不佳，故改以圖片方式呈現輸出結果供讀者參照。

重點統整

- 以 ORDER BY 排序查詢結果時可以採取兩種排序方式：
  - 預設的方式為遞增（或稱升冪）排序。
  - 遞減（或稱降冪）排序必須在欄位名稱後加上保留字 DESC。
- 這個章節學起來的 SQL 保留字：
  - ORDER BY
  - DESC
- 將截至目前所學的 SQL 保留字集中在一個敘述中，寫作順序必須遵從標準 SQL 的規定。

```
SELECT DISTINCT columns AS alias
  FROM table
 ORDER BY columns DESC
 LIMIT m;
```

練 習 題

練習題會涵蓋四個學習資料庫，記得要依據題目的需求，調整編輯器選單的學習資料庫，在自己電腦的 SQLiteStudio 寫出跟預期輸出相同的 SQL 敘述，寫作過程如果卡關了，可以參考附錄 A「練習題參考解答」。

 從 **nba** 資料庫的 **career_summaries** 資料表中依據 **ppg**（Points per game，場均得分）找出場均得分最高的 10 名球員，參考下列的預期查詢結果。

預期輸出 (10, 2) 的查詢結果。

```
+----------+------+
| personId | ppg  |
+----------+------+
| 201142   | 27.2 |
+----------+------+
| 2544     | 27.1 |
+----------+------+
| 1629029  | 26.4 |
+----------+------+
| 203954   | 26   |
+----------+------+
| 1629627  | 25.7 |
+----------+------+
| 1629027  | 25.3 |
+----------+------+
| 201935   | 24.9 |
+----------+------+
```

```
| 203081   | 24.6 |
+----------+------+
| 201939   | 24.3 |
+----------+------+
| 1628378  | 23.9 |
+----------+------+
10 rows in set (0.01 sec)
```

15 從 **covid19** 資料庫的 **time_series** 資料表中依據 **Daily_Cases** 找出前十個單日新增確診數最多的日期，參考下列的預期查詢結果。

預期輸出　(10, 3) 的查詢結果。

```
+------------+----------------+-------------+
| Date       | Country_Region | Daily_Cases |
+------------+----------------+-------------+
| 2022-01-10 | US             | 1383913     |
+------------+----------------+-------------+
| 2022-01-18 | US             | 1129521     |
+------------+----------------+-------------+
| 2022-01-03 | US             | 1044956     |
+------------+----------------+-------------+
| 2022-01-24 | US             | 922164      |
+------------+----------------+-------------+
| 2022-01-19 | US             | 908133      |
+------------+----------------+-------------+
| 2022-01-14 | US             | 880068      |
+------------+----------------+-------------+
| 2022-01-07 | US             | 869756      |
+------------+----------------+-------------+
| 2022-01-13 | US             | 861347      |
+------------+----------------+-------------+
| 2022-01-12 | US             | 848642      |
+------------+----------------+-------------+
| 2022-01-31 | United Kingdom | 848169      |
+------------+----------------+-------------+
10 rows in set (0.24 sec)
```

16 從 **nba** 資料庫的 **career_summaries** 資料表中依據 **assists**、**turnovers** 欄位以及下列公式衍生計算助攻失誤比,讓衍生計算欄位的資料類型為浮點數 REAL,找出助攻失誤比最高的前 10 名球員,參考下列的預期查詢結果。

$$\text{Assist Turnover Ratio} = \frac{\text{Assists}}{\text{Turnovers}}$$

預期輸出 (10, 3) 的查詢結果。

```
+----------+---------+-----------+
| personId | assists | turnovers |
+----------+---------+-----------+
| 1630540  | 41      | 5         |
+----------+---------+-----------+
| 1626145  | 1691    | 326       |
+----------+---------+-----------+
| 1630573  | 10      | 2         |
+----------+---------+-----------+
| 1628420  | 1042    | 218       |
+----------+---------+-----------+
| 1630200  | 272     | 59        |
+----------+---------+-----------+
| 1630580  | 9       | 2         |
+----------+---------+-----------+
| 1629162  | 498     | 120       |
+----------+---------+-----------+
| 1628221  | 4       | 1         |
+----------+---------+-----------+
| 1629875  | 24      | 6         |
+----------+---------+-----------+
| 1630602  | 4       | 1         |
+----------+---------+-----------+
10 rows in set (0.00 sec)
```

07

篩選觀測值

讀者如果是資料科學的初學者，可以略過下述的程式碼；讀者如果不是資料科學的初學者，欲使用 JupyterLab 執行本章節內容，必須先執行下述程式碼載入所需模組與連接資料庫。

```
%LOAD sqlite3 db=../databases/imdb.db timeout=2 shared_cache=true
ATTACH "../databases/covid19.db" AS covid19;
```

7.1 複習一下

在第四章「衍生計算欄位」我們提過關係運算符與邏輯運算符在後續的「篩選觀測值」以及「條件邏輯」的章節中佔有舉足輕重的地位，針對常數或欄位可以使用關係運算符衍生計算欄位，應用後會得到 0（布林值 False）或 1（布林值 True）兩者其中之一，基礎的關係運算符有：

關係運算符	作用描述
=	相等
!=	不相等
>	大於
>=	大於等於
<	小於
<=	小於等於
LIKE	相似
IN	存在於
BETWEEN lower_bound AND upper_bound	大於等於 lower_bound 且小於等於 upper_bound
IS NULL	是否為空值

運用關係運算符於資料表的欄位，這時所形成的布林值就會隨著列數而產生基於列（Row-wise）的運算。比較結果為布林值 False，SQLite 以 0 表示；比較結果為布林值 True，SQLite 以 1 表示。

```
SELECT release_year,
       release_year = 1994 AS released_in_1994
  FROM movies
 LIMIT 10;
```

```
+--------------+------------------+
| release_year | released_in_1994 |
+--------------+------------------+
| 1994         | 1                |
+--------------+------------------+
| 1972         | 0                |
+--------------+------------------+
| 2008         | 0                |
+--------------+------------------+
| 1974         | 0                |
+--------------+------------------+
| 1957         | 0                |
+--------------+------------------+
```

1993	0
2003	0
1994	1
2001	0
1966	0

```
10 rows in set (0.00 sec)
```

7.2 以 WHERE 從資料表篩選

在第三章「從資料表選擇」運用 SELECT 保留字搭配欄位名稱可以取出資料表中指定的欄，這個章節我們要運用 WHERE 保留字搭配條件（Conditions）取出資料表符合「條件」的觀測值。

```
SELECT DISTINCT columns AS alias
  FROM table
 WHERE conditions
 ORDER BY columns DESC
 LIMIT m;
```

當我們使用關係運算符衍生計算欄位，應用後所得到的 0（布林值 False）或 1（布林值 True）就是所謂的「條件」，將衍生計算所得的布林值放在 WHERE 保留字之後會將 1（布林值 True）的觀測值留在查詢結果中，就能完成從資料表篩選的任務。

```
SELECT release_year,
       release_year = 1994 AS released_in_1994
  FROM movies
 WHERE release_year = 1994;
```

```
+--------------+------------------+
| release_year | released_in_1994 |
+--------------+------------------+
| 1994         | 1                |
+--------------+------------------+
| 1994         | 1                |
+--------------+------------------+
| 1994         | 1                |
+--------------+------------------+
| 1994         | 1                |
+--------------+------------------+
| 1994         | 1                |
+--------------+------------------+
5 rows in set (0.00 sec)
```

在一段 SQL 敘述中同時選擇指定欄位、符合條件觀測值,稱為子集
(Subset),指的是從原本外型為 (m, n) 的資料表中選取出了一個列數
較少、欄數較少的查詢結果。

```
SELECT title,
       release_year,
       rating,
       runtime
  FROM movies
 WHERE release_year = 1994;
```

```
+-------------------------+--------------+--------+---------+
| title                   | release_year | rating | runtime |
+-------------------------+--------------+--------+---------+
| The Shawshank Redemption | 1994        | 9.3    | 142     |
+-------------------------+--------------+--------+---------+
| Pulp Fiction            | 1994         | 8.9    | 154     |
+-------------------------+--------------+--------+---------+
| Forrest Gump            | 1994         | 8.8    | 142     |
+-------------------------+--------------+--------+---------+
| Léon: The Professional  | 1994         | 8.5    | 110     |
+-------------------------+--------------+--------+---------+
```

```
| The Lion King           | 1994         | 8.5    | 88      |
+-------------------------+--------------+--------+---------+
5 rows in set (0.00 sec)
```

關係運算符也可以應用在文字資料類別的欄位，像是 = 作為文字內容的
精準比對。

```
SELECT title,
       release_year,
       director
  FROM movies
 WHERE director = 'Christopher Nolan'
 ORDER BY release_year;
```

```
+-----------------------+--------------+-------------------+
| title                 | release_year | director          |
+-----------------------+--------------+-------------------+
| Memento               | 2000         | Christopher Nolan |
+-----------------------+--------------+-------------------+
| Batman Begins         | 2005         | Christopher Nolan |
+-----------------------+--------------+-------------------+
| The Prestige          | 2006         | Christopher Nolan |
+-----------------------+--------------+-------------------+
| The Dark Knight       | 2008         | Christopher Nolan |
+-----------------------+--------------+-------------------+
| Inception             | 2010         | Christopher Nolan |
+-----------------------+--------------+-------------------+
| The Dark Knight Rises | 2012         | Christopher Nolan |
+-----------------------+--------------+-------------------+
| Interstellar          | 2014         | Christopher Nolan |
+-----------------------+--------------+-------------------+
7 rows in set (0.00 sec)
```

7.3 文字特徵比對

除了使用 = 作為作為文字內容精準比對的關係運算符，我們也常需要使用具備特徵比對（Pattern matching）性質的關係運算符 LIKE，使用 LIKE 作為關係運算符的時候要搭配萬用字元（Wildcards）來描述特徵。

萬用字元	作用描述
%	表示任意文字，包含空字元
_	表示剛好一個文字

舉例來說，'The Lord of the Rings%' 這個文字特徵表示開頭為 Lord of the Rings 後面接任意文字。

```
SELECT title
  FROM movies
 WHERE title LIKE 'The Lord of the Rings%'; -- The Lord of the
Rings followed by any characters


+--------------------------------------------------+
| title                                            |
+--------------------------------------------------+
| The Lord of the Rings: The Return of the King    |
+--------------------------------------------------+
| The Lord of the Rings: The Fellowship of the Ring |
+--------------------------------------------------+
| The Lord of the Rings: The Two Towers            |
+--------------------------------------------------+
3 rows in set (0.00 sec)
```

舉例來說，'The _____' 這個文字特徵表示開頭為 The 後面接一個空白、六個任意文字。

```
SELECT title
  FROM movies
 WHERE title LIKE 'The _____'; -- The followed by a space and 6
characters
```

```
+-----------+
| title     |
+-----------+
| The Matrix |
+-----------+
| The Father |
+-----------+
2 rows in set (0.00 sec)
```

7.4 WHERE 後的多個條件

當 WHERE 保留字搭配多個條件時，我們會需要「邏輯運算符」結合這些布林值，基礎的邏輯運算符有：

邏輯運算符	作用描述
AND	和，交集
OR	或，聯集
NOT	反轉布林值，將 0（布林值 False）與 1（布林值 True）互換

使用 AND 結合兩個條件時，要兩條件皆為真才會判斷為真，其餘狀況均為假。

```
SELECT 0 AND 0 AS False,
       0 AND 1 AS False,
       1 AND 0 AS False,
       1 AND 1 AS True;
```

```
+-------+-------+-------+------+
| False | False | False | True |
+-------+-------+-------+------+
| 0     | 0     | 0     | 1    |
+-------+-------+-------+------+
1 row in set (0.00 sec)
```

將 AND 應用在資料表欄位，所形成的判斷結果也會隨著列數而產生基於
列的運算，因此最後從資料表中篩選的觀測值，會是 condition_1_and_
condition_2 為 1（布林值 True）的觀測值。

```
SELECT release_year >= 1990 AS condition_1,
       release_year <= 2010 AS condition_2,
       release_year >= 1990 AND release_year <= 2010 AS
condtion_1_and_condition_2
  FROM movies
 LIMIT 5;
```

```
+-------------+-------------+-----------------------------+
| condition_1 | condition_2 | condtion_1_and_condition_2  |
+-------------+-------------+-----------------------------+
| 1           | 1           | 1                           |
+-------------+-------------+-----------------------------+
| 0           | 1           | 0                           |
+-------------+-------------+-----------------------------+
| 1           | 1           | 1                           |
+-------------+-------------+-----------------------------+
| 0           | 1           | 0                           |
+-------------+-------------+-----------------------------+
| 0           | 1           | 0                           |
+-------------+-------------+-----------------------------+
5 rows in set (0.00 sec)
```

當我們以 AND 結合 >= 與 <= 兩個關係運算符之條件時，可以改使用
BETWEEN lower_bound AND upper_bound 作為關係運算符。

```
SELECT release_year >= 1990 AS condition_1,
       release_year <= 2010 AS condition_2,
       release_year BETWEEN 1990 AND 2010 AS
condtion_1_and_condition_2
  FROM movies
 LIMIT 5;
```

```
+-------------+-------------+--------------------------------+
| condition_1 | condition_2 | condtion_1_and_condition_2      |
+-------------+-------------+--------------------------------+
| 1           | 1           | 1                              |
+-------------+-------------+--------------------------------+
| 0           | 1           | 0                              |
+-------------+-------------+--------------------------------+
| 1           | 1           | 1                              |
+-------------+-------------+--------------------------------+
| 0           | 1           | 0                              |
+-------------+-------------+--------------------------------+
| 0           | 1           | 0                              |
+-------------+-------------+--------------------------------+
5 rows in set (0.00 sec)
```

```sql
SELECT title,
       release_year
  FROM movies
 WHERE release_year BETWEEN 1990 AND 2010
 LIMIT 5;
```

```
+-----------------------------------------------+--------------+
| title                                         | release_year |
+-----------------------------------------------+--------------+
| The Shawshank Redemption                      | 1994         |
+-----------------------------------------------+--------------+
| The Dark Knight                               | 2008         |
+-----------------------------------------------+--------------+
| Schindler's List                              | 1993         |
+-----------------------------------------------+--------------+
| The Lord of the Rings: The Return of the King | 2003         |
+-----------------------------------------------+--------------+
| Pulp Fiction                                  | 1994         |
+-----------------------------------------------+--------------+
5 rows in set (0.00 sec)
```

使用 OR 結合兩個條件時，要兩者皆為假才為假，其餘狀況均為真。

```
SELECT 0 OR 0 AS False,
       0 OR 1 AS True,
       1 OR 0 AS True,
       1 OR 1 AS True;
```

```
+-------+------+------+------+
| False | True | True | True |
+-------+------+------+------+
| 0     | 1    | 1    | 1    |
+-------+------+------+------+
1 row in set (0.00 sec)
```

將 OR 應用在資料表欄位,所形成的判斷結果也會隨著列數而產生基於列的運算,因此最後從資料表中篩選的觀測值,會是 condition_1_or_condition_2 為 1(布林值 True)的觀測值。

```
SELECT director = 'Steven Spielberg' AS condition_1,
       director = 'Christopher Nolan' AS condition_2,
       director = 'Steven Spielberg' OR director = 'Christopher
Nolan' AS condtion_1_or_condition_2
  FROM movies
 LIMIT 10;
```

condition_1	condition_2	condtion_1_or_condition_2
0	0	0
0	0	0
0	1	1
0	0	0
0	0	0
1	0	1
0	0	0

```
+-------------+-------------+-------------------------+
| 0           | 0           | 0                       |
+-------------+-------------+-------------------------+
| 0           | 0           | 0                       |
+-------------+-------------+-------------------------+
| 0           | 0           | 0                       |
+-------------+-------------+-------------------------+
10 rows in set (0.00 sec)
```

當我們以 OR 結合條件時，可以改使用 IN 作為關係運算符，並以小括號 () 表示欲判斷是否存在於的目標集合。

```
SELECT director = 'Steven Spielberg' AS condition_1,
       director = 'Christopher Nolan' AS condition_2,
       director IN ('Steven Spielberg', 'Christopher Nolan') AS
condtion_1_or_condition_2
  FROM movies
 LIMIT 10;
```

```
+-------------+-------------+-------------------------+
| condition_1 | condition_2 | condtion_1_or_condition_2 |
+-------------+-------------+-------------------------+
| 0           | 0           | 0                       |
+-------------+-------------+-------------------------+
| 0           | 0           | 0                       |
+-------------+-------------+-------------------------+
| 0           | 1           | 1                       |
+-------------+-------------+-------------------------+
| 0           | 0           | 0                       |
+-------------+-------------+-------------------------+
| 0           | 0           | 0                       |
+-------------+-------------+-------------------------+
| 1           | 0           | 1                       |
+-------------+-------------+-------------------------+
| 0           | 0           | 0                       |
+-------------+-------------+-------------------------+
| 0           | 0           | 0                       |
+-------------+-------------+-------------------------+
| 0           | 0           | 0                       |
```

```
+-------------+------------+-------------------------------+
| 0           | 0          | 0                             |
+-------------+------------+-------------------------------+
10 rows in set (0.00 sec)

SELECT title,
       director
  FROM movies
 WHERE director IN ('Steven Spielberg', 'Christopher Nolan')
 LIMIT 5;

+----------------------+-------------------+
| title                | director          |
+----------------------+-------------------+
| The Dark Knight      | Christopher Nolan |
+----------------------+-------------------+
| Schindler's List     | Steven Spielberg  |
+----------------------+-------------------+
| Inception            | Christopher Nolan |
+----------------------+-------------------+
| Saving Private Ryan  | Steven Spielberg  |
+----------------------+-------------------+
| Interstellar         | Christopher Nolan |
+----------------------+-------------------+
5 rows in set (0.00 sec)
```

使用 NOT 可以將條件的判斷結果反轉，亦即真假互換。

```
SELECT NOT 1 AS False,
       NOT 0 AS True;

+-------+------+
| False | True |
+-------+------+
| 0     | 1    |
+-------+------+
1 row in set (0.00 sec)
```

NOT 可以擺放在條件的前面，也可以放置在關係運算符之前，通常我們偏好唸起來與英文更相似的敘述，例如 director NOT IN ('Steven Spielberg', 'Christopher Nolan') 比 NOT director IN ('Steven Spielberg', 'Christopher Nolan') 更像英文，雖然查詢結果是相同的，但會使用前者這樣的敘述。

```
SELECT title,
       director
  FROM movies
 WHERE director NOT IN ('Steven Spielberg', 'Christopher Nolan') --
preferred
 LIMIT 5;
```

title	director
The Shawshank Redemption	Frank Darabont
The Godfather	Francis Ford Coppola
The Godfather Part II	Francis Ford Coppola
12 Angry Men	Sidney Lumet
The Lord of the Rings: The Return of the King	Peter Jackson

5 rows in set (0.00 sec)

```
SELECT title,
       director
  FROM movies
 WHERE NOT director IN ('Steven Spielberg', 'Christopher Nolan')
 LIMIT 5;
```

title	director
The Shawshank Redemption	Frank Darabont

```
+-----------------------------------------------+---------------------+
| The Godfather                                 | Francis Ford Coppola |
+-----------------------------------------------+---------------------+
| The Godfather Part II                         | Francis Ford Coppola |
+-----------------------------------------------+---------------------+
| 12 Angry Men                                  | Sidney Lumet        |
+-----------------------------------------------+---------------------+
| The Lord of the Rings: The Return of the King | Peter Jackson       |
+-----------------------------------------------+---------------------+
5 rows in set (0.00 sec)
```

7.5 空值的關係運算符

NULL 空值不適用 = 或者 != 關係運算符，必須以 IS 作為關係運算符才能夠判斷是否為空值，若逕自使用 = 或者 != 則判斷結果依然為 NULL 空值，無法得到 0（布林值 False）或 1（布林值 True）的判斷結果。

```
SELECT NULL = NULL AS null_value,
       NULL != NULL AS null_value,
       NULL IS NULL AS True,
       NULL IS NOT NULL AS False;
```

```
+------------+------------+------+-------+
| null_value | null_value | True | False |
+------------+------------+------+-------+
| NULL       | NULL       | 1    | 0     |
+------------+------------+------+-------+
1 row in set (0.00 sec)
```

舉例來說，在 covid19 資料庫的 lookup_table 資料表中 Province_State 與 Admin2 欄都有不少空值的存在，如果對這兩欄分別使用 = 或者 !=，是無法得到 0（布林值 False）或 1（布林值 True）的判斷結果。

```
SELECT Province_State,
       Admin2,
       Province_State = NULL AS Province_State_equals_to_null,
       Admin2 != NULL AS Admin2_not_equals_to_null
  FROM lookup_table
 LIMIT 5;
```

	Province_State	Admin2	Province_State_equals_to_null	Admin2_not_equals_to_null
1	NULL	NULL	NULL	NULL
2	NULL	NULL	NULL	NULL
3	NULL	NULL	NULL	NULL
4	NULL	NULL	NULL	NULL
5	American Samoa	NULL	NULL	NULL

註：此處輸出結果過寬，於書中呈現的效果不佳，故改以圖片方式呈現輸出結果
　　供讀者參照。

必須以 IS 作為關係運算符才能夠判斷是否為空值。

```
SELECT Province_State,
       Admin2,
       Province_State IS NULL AS Province_State_is_null,
       Admin2 IS NOT NULL AS Admin2_is_not_null
  FROM lookup_table
 LIMIT 5;
```

```
+----------------+--------+------------------------+--------------------+
| Province_State | Admin2 | Province_State_is_null | Admin2_is_not_null |
+----------------+--------+------------------------+--------------------+
| NULL           | NULL   | 1                      | 0                  |
+----------------+--------+------------------------+--------------------+
| NULL           | NULL   | 1                      | 0                  |
+----------------+--------+------------------------+--------------------+
| NULL           | NULL   | 1                      | 0                  |
+----------------+--------+------------------------+--------------------+
| NULL           | NULL   | 1                      | 0                  |
+----------------+--------+------------------------+--------------------+
| American Samoa | NULL   | 0                      | 0                  |
+----------------+--------+------------------------+--------------------+
5 rows in set (0.00 sec)
```

```
SELECT Province_State,
       Admin2
  FROM lookup_table
 WHERE Province_State IS NOT NULL AND
       Admin2 IS NOT NULL
 LIMIT 5;
```

Province_State	Admin2
Sint Eustatius and Saba	Bonaire
Ascension and Tristan da Cunha	Saint Helena
Puerto Rico	Adjuntas
Puerto Rico	Aguada
Puerto Rico	Aguadilla

5 rows in set (0.00 sec)

重 點 統 整

◉ 使用關係運算符衍生計算欄位，應用後所得到的 0（布林值
  False）或 1（布林值 True）就是所謂的「條件」，將衍生計算所
  得的布林值放在 WHERE 保留字之後會將 1（布林值 True）的觀測值
  留在查詢結果中，就能完成從資料表篩選的任務。

◉ 使用具備特徵比對（Pattern matching）性質的關係運算符 LIKE，使
  用 LIKE 作為關係運算符的時候要搭配萬用字元（Wildcards）來描
  述特徵。

◉ 這個章節學起來的 SQL 保留字：

  ● WHERE

- 將截至目前所學的 SQL 保留字集中在一個敘述中，寫作順序必須遵從標準 SQL 的規定。

```sql
SELECT DISTINCT columns AS alias
  FROM table
 WHERE conditions
 ORDER BY columns DESC
 LIMIT m;
```

練 習 題

練習題會涵蓋四個學習資料庫，記得要依據題目的需求，調整編輯器選單的學習資料庫，在自己電腦的 SQLiteStudio 寫出跟預期輸出相同的 SQL 敘述，寫作過程如果卡關了，可以參考附錄 A「練習題參考解答」。

 17 從 `covid19` 資料庫的 `time_series` 資料表將台灣的觀測值篩選出來，參考下列的預期查詢結果。

預期輸出 (861, 4) 的查詢結果。

```
-- 礙於紙本篇幅僅顯示出前五列示意
+----------------+------------+-----------+-------------+
| Country_Region | Date       | Confirmed | Daily_Cases |
+----------------+------------+-----------+-------------+
| Taiwan         | 2020-01-22 | 1         | 1           |
+----------------+------------+-----------+-------------+
| Taiwan         | 2020-01-23 | 1         | 0           |
+----------------+------------+-----------+-------------+
| Taiwan         | 2020-01-24 | 3         | 2           |
+----------------+------------+-----------+-------------+
| Taiwan         | 2020-01-25 | 3         | 0           |
+----------------+------------+-----------+-------------+
| Taiwan         | 2020-01-26 | 4         | 1           |
+----------------+------------+-----------+-------------+
5 rows in set (0.00 sec)
```

18 從 `imdb` 資料庫的 `movies` 資料表將上映年份為 1994 的電影篩選出來，參考下列的預期查詢結果。

預期輸出 (5, 4) 的查詢結果。

```
+---------------------------+--------+-------------------+---------+
| title                     | rating | director          | runtime |
+---------------------------+--------+-------------------+---------+
| The Shawshank Redemption  | 9.3    | Frank Darabont    | 142     |
+---------------------------+--------+-------------------+---------+
| Pulp Fiction              | 8.9    | Quentin Tarantino | 154     |
+---------------------------+--------+-------------------+---------+
| Forrest Gump              | 8.8    | Robert Zemeckis   | 142     |
+---------------------------+--------+-------------------+---------+
| Léon: The Professional    | 8.5    | Luc Besson        | 110     |
+---------------------------+--------+-------------------+---------+
| The Lion King             | 8.5    | Roger Allers      | 88      |
+---------------------------+--------+-------------------+---------+
5 rows in set (0.00 sec)
```

19 從 `imdb` 資料庫的 `actors` 資料表將 Tom Hanks、Christian Bale、Leonardo DiCaprio 篩選出來，參考下列的預期查詢結果。

註：Tom Hanks 是一位著名的美國男演員及電視製片人，以演技精湛而著稱。他是歷史上第 2 位連續兩屆獲得奧斯卡金像獎最佳男主角獎的演員，亦是最年輕獲得美國電影學會終身成就獎的演員。Christian Bale 是一名英國男演員和電影製片人，在蝙蝠俠三部曲中飾演 Bruce Wayne 獲得了廣泛讚揚及商業認可。Leonardo DiCaprio 是一位美國著名男演員、電影製片人兼環保概念的推動者，出演了由史詩愛情片鐵達尼號知名度大開。

來源：Wikipedia

預期輸出 (3, 2) 的查詢結果。

```
+------+------------------+
| id   | name             |
+------+------------------+
| 518  | Christian Bale   |
```

```
+------+-------------------+
| 1860 | Leonardo DiCaprio |
+------+-------------------+
| 2957 | Tom Hanks         |
+------+-------------------+
3 rows in set (0.00 sec)
```

20 從 `imdb` 資料庫的 `movies` 資料表篩選出由 Christopher Nolan 或 Peter Jackson 所導演的電影,參考下列的預期查詢結果。

註:Christopher Nolan 是一名英國導演、編劇及監製,他的十部電影在全球獲得超過 47 億美元的票房,執導著名電影包含「黑暗騎士三部曲」、全面啓動、星際效應及敦克爾克大行動;Peter Jackson 是一名紐西蘭導演、編劇及監製,執導最出名的作品是「魔戒電影三部曲」與「哈比人電影系列」。

來源:Wikipedia

預期輸出 (10, 2) 的查詢結果。

```
+------------------------------------------------------+-------------------+
| title                                                | director          |
+------------------------------------------------------+-------------------+
| The Dark Knight                                      | Christopher Nolan |
+------------------------------------------------------+-------------------+
| Inception                                            | Christopher Nolan |
+------------------------------------------------------+-------------------+
| Interstellar                                         | Christopher Nolan |
+------------------------------------------------------+-------------------+
| The Prestige                                         | Christopher Nolan |
+------------------------------------------------------+-------------------+
| Memento                                              | Christopher Nolan |
+------------------------------------------------------+-------------------+
| The Dark Knight Rises                                | Christopher Nolan |
+------------------------------------------------------+-------------------+
| Batman Begins                                        | Christopher Nolan |
+------------------------------------------------------+-------------------+
| The Lord of the Rings: The Return of the King        | Peter Jackson     |
+------------------------------------------------------+-------------------+
| The Lord of the Rings: The Fellowship of the Ring    | Peter Jackson     |
```

```
+-------------------------------------------------+-------------------+
| The Lord of the Rings: The Two Towers           | Peter Jackson     |
+-------------------------------------------------+-------------------+
10 rows in set (0.00 sec)
```

21 從 `covid19` 資料庫的 `lookup_table` 資料表篩選出 `Country_Region` 名稱有 land 的國家，參考下列的預期查詢結果。

預期輸出　(10, 1) 的查詢結果。

```
+------------------+
| Country_Region   |
+------------------+
| Solomon Islands  |
+------------------+
| New Zealand      |
+------------------+
| Finland          |
+------------------+
| Iceland          |
+------------------+
| Ireland          |
+------------------+
| Netherlands      |
+------------------+
| Marshall Islands |
+------------------+
| Poland           |
+------------------+
| Switzerland      |
+------------------+
| Thailand         |
+------------------+
10 rows in set (0.00 sec)
```

08

條件邏輯

讀者如果是資料科學的初學者，可以略過下述的程式碼；讀者如果不是資料科學的初學者，欲使用 JupyterLab 執行本章節內容，必須先執行下述程式碼載入所需模組與連接資料庫。

```
%LOAD sqlite3 db=../databases/imdb.db timeout=2 shared_cache=true
ATTACH "../databases/covid19.db" AS covid19;
ATTACH "../databases/twElection2020.db" AS twElection2020;
```

8.1 複習一下

在第四章「衍生計算欄位」我們提過關係運算符與邏輯運算符在後續的「篩選觀測值」以及「條件邏輯」的章節中佔有舉足輕重的地位，針對常數或欄位可以使用關係運算符衍生計算欄位，應用後會得到 0（布林值 False）或 1（布林值 True）兩者其中之一，就是所謂的「條件」，而「邏輯運算符」則是將數個條件結合成一個條件的運算符。布林值除了

能夠運用在 WHERE 保留字之後作為篩選資料表觀測值的依據，另一個常見的應用場景就是這個章節要介紹的「條件邏輯」。

在第四章「衍生計算欄位」我們透過了四種運算符獲得新的欄位：數值運算符、文字運算符、關係運算符與邏輯運算符；在第五章「函數」我們透過兩大類函數獲得新的欄位：通用函數與聚合函數。條件邏輯是第三種生成衍生計算欄位的方式，透過條件所得的布林值來決定所指定的資料值為何，在實務中這樣的技巧又被稱為分箱（Binning）、編碼（Encoding）或者分組（Categorizing）。

8.2 以 CASE WHEN 敘述衍生計算欄位

最基礎的條件邏輯可以用 0（布林值 False）或 1（布林值 True）表示，意即區分為兩組，這時只需要透過關係運算即可完成。舉例來說，將電影的上映年份分為兩組：在千禧年之前上映的為 0（布林值 False）、在千禧年之後上映的為 1（布林值 True）。

```
SELECT title,
       release_year,
       release_year >= 2000 AS released_after_millennium
  FROM movies
 LIMIT 10;
```

title	release_year	released_after_millennium
The Shawshank Redemption	1994	0
The Godfather	1972	0
The Dark Knight	2008	1
The Godfather Part II	1974	0

```
| 12 Angry Men                                    | 1957 | 0 |
+-------------------------------------------------+------+---+
| Schindler's List                               | 1993 | 0 |
+-------------------------------------------------+------+---+
| The Lord of the Rings: The Return of the King   | 2003 | 1 |
+-------------------------------------------------+------+---+
| Pulp Fiction                                    | 1994 | 0 |
+-------------------------------------------------+------+---+
| The Lord of the Rings: The Fellowship of the Ring | 2001 | 1 |
+-------------------------------------------------+------+---+
| The Good, the Bad and the Ugly                  | 1966 | 0 |
+-------------------------------------------------+------+---+
10 rows in set (0.00 sec)
```

那麼什麼時候需要使用條件邏輯的技巧呢？當我們的衍生計算欄位不想要以布林值來表示或者分組不止兩組的時候，就能夠改使用 CASE WHEN 敘述衍生計算欄位。

```
SELECT CASE WHEN condition_1 THEN result_1
            WHEN condition_2 THEN result_2 END AS alias;
```

舉例來說，將電影的上映年份分為兩組：在千禧年之前上映的為 'Before millennium'、在千禧年之後上映的為 'After millennium'。

```
SELECT title,
       release_year,
       CASE WHEN release_year >= 2000 THEN 'After millennium'
            WHEN release_year < 2000 THEN 'Before millennium' END
AS before_or_after_millennium
  FROM movies
 LIMIT 10;
```

```
+-----------------------------------------+--------------+----------------------------+
| title                                   | release_year | before_or_after_millennium |
+-----------------------------------------+--------------+----------------------------+
| The Shawshank Redemption                | 1994         | Before millennium          |
+-----------------------------------------+--------------+----------------------------+
| The Godfather                           | 1972         | Before millennium          |
```

```
+--------------------------------------------------------+--------------+-------------------------+
| The Dark Knight                                        | 2008         | After millennium        |
+--------------------------------------------------------+--------------+-------------------------+
| The Godfather Part II                                  | 1974         | Before millennium       |
+--------------------------------------------------------+--------------+-------------------------+
| 12 Angry Men                                           | 1957         | Before millennium       |
+--------------------------------------------------------+--------------+-------------------------+
| Schindler's List                                       | 1993         | Before millennium       |
+--------------------------------------------------------+--------------+-------------------------+
| The Lord of the Rings: The Return of the King          | 2003         | After millennium        |
+--------------------------------------------------------+--------------+-------------------------+
| Pulp Fiction                                           | 1994         | Before millennium       |
+--------------------------------------------------------+--------------+-------------------------+
| The Lord of the Rings: The Fellowship of the Ring      | 2001         | After millennium        |
+--------------------------------------------------------+--------------+-------------------------+
| The Good, the Bad and the Ugly                         | 1966         | Before millennium       |
+--------------------------------------------------------+--------------+-------------------------+
10 rows in set (0.00 sec)
```

如果分組需求與布林值一樣是二元、非黑即白的時候，CASE WHEN 敘述可以加入 ELSE 取代其中一個條件的敘述。

```
SELECT CASE WHEN condition_1 THEN result_1
            ELSE result_2 END AS alias;
```

舉例來說，將電影的上映年份分為兩組：在千禧年之前上映的為 'Before millennium'、在千禧年之後上映的為 'After millennium'，能夠用 ELSE 取代先前的條件 release_year < 2000。

```
SELECT title,
       release_year,
       CASE WHEN release_year >= 2000 THEN 'After millennium'
            ELSE 'Before millennium' END AS
before_or_after_millennium
  FROM movies
 LIMIT 10;
```

```
+----------------------------------------------------+--------------+------------------------------+
| title                                              | release_year | before_or_after_millennium   |
+----------------------------------------------------+--------------+------------------------------+
| The Shawshank Redemption                           | 1994         | Before millennium            |
+----------------------------------------------------+--------------+------------------------------+
| The Godfather                                      | 1972         | Before millennium            |
+----------------------------------------------------+--------------+------------------------------+
| The Dark Knight                                    | 2008         | After millennium             |
+----------------------------------------------------+--------------+------------------------------+
| The Godfather Part II                              | 1974         | Before millennium            |
+----------------------------------------------------+--------------+------------------------------+
| 12 Angry Men                                       | 1957         | Before millennium            |
+----------------------------------------------------+--------------+------------------------------+
| Schindler's List                                   | 1993         | Before millennium            |
+----------------------------------------------------+--------------+------------------------------+
| The Lord of the Rings: The Return of the King      | 2003         | After millennium             |
+----------------------------------------------------+--------------+------------------------------+
| Pulp Fiction                                       | 1994         | Before millennium            |
+----------------------------------------------------+--------------+------------------------------+
| The Lord of the Rings: The Fellowship of the Ring  | 2001         | After millennium             |
+----------------------------------------------------+--------------+------------------------------+
| The Good, the Bad and the Ugly                     | 1966         | Before millennium            |
+----------------------------------------------------+--------------+------------------------------+
10 rows in set (0.00 sec)
```

如果分組需求超過兩組的時候，只要增加 WHEN 敘述與條件即可。

```
SELECT CASE WHEN condition_1 THEN result_1
            WHEN condition_2 THEN result_2
            ...
            ELSE result_n END AS alias;
```

舉例來說，將電影的長度 runtime 分為四組，超過 180 分鐘的為 'Over 3 hours'，超過 120 分鐘、未滿 180 分鐘的為 'Over 2 hours'，超過 60 分鐘、未滿 120 分鐘的為 'Over 1 hour'，未滿 60 分鐘的為 'Below 1 hour'。

```
SELECT title,
       runtime,
       CASE WHEN runtime > 180 THEN 'Over 3 hours'
            WHEN runtime > 120 THEN 'Over 2 hours'
            WHEN runtime > 60 THEN 'Over 1 hour'
            WHEN runtime <= 60 THEN 'Below 1 hour' END AS
runtime_category
  FROM movies
 LIMIT 10;
```

title	runtime	runtime_category
The Shawshank Redemption	142	Over 2 hours
The Godfather	175	Over 2 hours
The Dark Knight	152	Over 2 hours
The Godfather Part II	202	Over 3 hours
12 Angry Men	96	Over 1 hour
Schindler's List	195	Over 3 hours
The Lord of the Rings: The Return of the King	201	Over 3 hours
Pulp Fiction	154	Over 2 hours
The Lord of the Rings: The Fellowship of the Ring	178	Over 2 hours
The Good, the Bad and the Ugly	178	Over 2 hours

```
10 rows in set (0.00 sec)
```

當然，我們也可以加入 ELSE 取代其中一個條件 runtime <= 60。

```
SELECT title,
       runtime,
       CASE WHEN runtime > 180 THEN 'Over 3 hours'
            WHEN runtime > 120 THEN 'Over 2 hours'
            WHEN runtime > 60 THEN 'Over 1 hour'
            ELSE 'Below 1 hour' END AS runtime_category
  FROM movies
 LIMIT 10;
```

title	runtime	runtime_category
The Shawshank Redemption	142	Over 2 hours
The Godfather	175	Over 2 hours
The Dark Knight	152	Over 2 hours
The Godfather Part II	202	Over 3 hours
12 Angry Men	96	Over 1 hour
Schindler's List	195	Over 3 hours
The Lord of the Rings: The Return of the King	201	Over 3 hours
Pulp Fiction	154	Over 2 hours
The Lord of the Rings: The Fellowship of the Ring	178	Over 2 hours
The Good, the Bad and the Ugly	178	Over 2 hours

```
10 rows in set (0.00 sec)
```

8.3 條件是否互斥與寫作順序

撰寫條件邏輯非常值得注意的是,條件是否互斥(Mutually exclusive)?若沒有互斥,那麼寫作的順序就會是賦值的順序。舉前面的例子來說,將電影的長度 runtime 分為四組,條件一到四分別為 runtime > 180、runtime > 120、runtime > 60 與 runtime <= 60,除了條件 runtime > 60 與 runtime <= 60 兩者是互斥,前三個條件是有交集的(電影長度超過 120 分鐘代表也超過 60 分鐘、電影長度超過 180 分鐘代表也超過 120、60 分鐘)。

```
CASE WHEN runtime > 180 THEN 'Over 3 hours'
     WHEN runtime > 120 THEN 'Over 2 hours'
     WHEN runtime > 60 THEN 'Over 1 hour'
     WHEN runtime <= 60 THEN 'Below 1 hour' END AS
runtime_category
```

在 CASE WHEN 的條件敘述有交集的情況下,衍生計算欄位所賦予的值是依照寫作順序而定的,因此範例撰寫的順序是和預期結果相符的,能夠將電影依照長度 runtime 分為四組。

```
SELECT DISTINCT CASE WHEN runtime > 180 THEN 'Over 3 hours' --
expected result
                WHEN runtime > 120 THEN 'Over 2 hours'
                WHEN runtime > 60 THEN 'Over 1 hour'
                WHEN runtime <= 60 THEN 'Below 1 hour' END AS
runtime_category
  FROM movies;

+------------------+
| runtime_category |
+------------------+
| Over 2 hours     |
+------------------+
| Over 3 hours     |
+------------------+
```

```
| Over 1 hour      |
+------------------+
| Below 1 hour     |
+------------------+
4 rows in set (0.00 sec)
```

若是沒有注意到條件是否互斥與寫作順序，可能就會得到和預期相異的
結果，例如先寫了條件 `runtime > 60` 會使得最終分組的結果缺少了 `'Over 3 hours'` 與 `'Over 2 hours'`，因為這兩組對應的條件都被條件 `runtime > 60` 先判斷走了。

```
SELECT DISTINCT CASE WHEN runtime > 60 THEN 'Over 1 hours' --
unexpected result
             WHEN runtime > 120 THEN 'Over 2 hours'
             WHEN runtime > 180 THEN 'Over 3 hour'
             WHEN runtime <= 60 THEN 'Below 1 hour' END AS
runtime_category
  FROM movies;
```

```
+------------------+
| runtime_category |
+------------------+
| Over 1 hours     |
+------------------+
| Below 1 hour     |
+------------------+
2 rows in set (0.00 sec)
```

如果不想要特別注意寫作順序，可以把條件設計為互斥，例如還是先分
組 `'Over 1 hours'`，但是把條件的上界、下界都交代清楚。

```
SELECT DISTINCT CASE WHEN runtime > 60 AND runtime <= 120 THEN
'Over 1 hours' -- expected result
             WHEN runtime > 120 AND runtime <= 180 THEN 'Over 2
hours'
             WHEN runtime > 180 THEN 'Over 3 hour'
```

```
                WHEN runtime <= 60 THEN 'Below 1 hour' END AS
runtime_category
  FROM movies;
```

```
+------------------+
| runtime_category |
+------------------+
| Over 2 hours     |
+------------------+
| Over 3 hour      |
+------------------+
| Over 1 hours     |
+------------------+
| Below 1 hour     |
+------------------+
4 rows in set (0.00 sec)
```

8.4 以 CASE WHEN 衍生計算欄位排序

CASE WHEN 除了能夠在 SELECT 敘述後使用，亦能夠在 ORDER BY 敘述後使用。想要以 CASE WHEN 衍生計算欄位排序，一種方式是在 SELECT 後建立別名並在 ORDER BY 後加上別名。

```
SELECT CASE WHEN condition_1 THEN result_1
            WHEN condition_2 THEN result_2
            ...
            ELSE result_n END AS alias
  FROM TABLE
 ORDER BY alias;
```

```
SELECT title,
       runtime,
       CASE WHEN runtime > 180 THEN 'Over 3 hours'
            WHEN runtime > 120 THEN 'Over 2 hours'
            WHEN runtime > 60 THEN 'Over 1 hour'
            ELSE 'Below 1 hour' END AS runtime_category
```

```
 FROM movies
ORDER BY runtime_category
LIMIT 10;
```

```
+-------------------------+---------+------------------+
| title                   | runtime | runtime_category |
+-------------------------+---------+------------------+
| Sherlock Jr.            | 45      | Below 1 hour     |
+-------------------------+---------+------------------+
| 12 Angry Men           | 96      | Over 1 hour      |
+-------------------------+---------+------------------+
| The Silence of the Lambs | 118    | Over 1 hour      |
+-------------------------+---------+------------------+
| Life Is Beautiful      | 116     | Over 1 hour      |
+-------------------------+---------+------------------+
| Back to the Future     | 116     | Over 1 hour      |
+-------------------------+---------+------------------+
| Psycho                 | 109     | Over 1 hour      |
+-------------------------+---------+------------------+
| Léon: The Professional | 110     | Over 1 hour      |
+-------------------------+---------+------------------+
| The Lion King          | 88      | Over 1 hour      |
+-------------------------+---------+------------------+
| American History X     | 119     | Over 1 hour      |
+-------------------------+---------+------------------+
| The Usual Suspects     | 106     | Over 1 hour      |
+-------------------------+---------+------------------+
10 rows in set (0.00 sec)
```

另一種方式是略過 SELECT 後建立別名，直接在 ORDER BY 後加上 CASE WHEN 敘述，要注意這時就得將原本敘述最後的 AS alias 省去。

```
SELECT columns
  FROM TABLE
 ORDER BY CASE WHEN condition_1 THEN result_1
               WHEN condition_2 THEN result_2
               ...
               ELSE result_n END;
```

```
SELECT title,
       runtime
  FROM movies
 ORDER BY CASE WHEN runtime > 180 THEN 'Over 3 hours'
               WHEN runtime > 120 THEN 'Over 2 hours'
               WHEN runtime > 60 THEN 'Over 1 hour'
               ELSE 'Below 1 hour' END
 LIMIT 10;
```

```
+--------------------------+---------+
| title                    | runtime |
+--------------------------+---------+
| Sherlock Jr.             | 45      |
+--------------------------+---------+
| 12 Angry Men             | 96      |
+--------------------------+---------+
| The Silence of the Lambs | 118     |
+--------------------------+---------+
| Life Is Beautiful        | 116     |
+--------------------------+---------+
| Back to the Future       | 116     |
+--------------------------+---------+
| Psycho                   | 109     |
+--------------------------+---------+
| Léon: The Professional   | 110     |
+--------------------------+---------+
| The Lion King            | 88      |
+--------------------------+---------+
| American History X       | 119     |
+--------------------------+---------+
| The Usual Suspects       | 106     |
+--------------------------+---------+
10 rows in set (0.00 sec)
```

8.5 以 CASE WHEN 衍生計算欄位篩選

CASE WHEN 除了能夠搭配 SELECT 敘述、ORDER BY 敘述後使用，亦能夠搭配 WHERE 敘述使用。想要以 CASE WHEN 衍生計算欄位篩選資料表觀測值，在 SELECT 後建立別名並在 WHERE 後利用別名搭配關係運算符建立條件。

```
SELECT CASE WHEN condition_1 THEN result_1
            WHEN condition_2 THEN result_2
            ...
            ELSE result_n END AS alias
  FROM TABLE
 WHERE conditions;
```

```
SELECT title,
       runtime,
       CASE WHEN runtime > 180 THEN 'Over 3 hours'
            WHEN runtime > 120 THEN 'Over 2 hours'
            WHEN runtime > 60 THEN 'Over 1 hour'
            ELSE 'Below 1 hour' END AS runtime_category
  FROM movies
 WHERE runtime_category = 'Over 3 hours'
 ORDER BY runtime_category,
          runtime DESC;
```

```
+------------------------------------+---------+------------------+
| title                              | runtime | runtime_category |
+------------------------------------+---------+------------------+
| Gone with the Wind                 | 238     | Over 3 hours     |
+------------------------------------+---------+------------------+
| Once Upon a Time in America        | 229     | Over 3 hours     |
+------------------------------------+---------+------------------+
| Lawrence of Arabia                 | 218     | Over 3 hours     |
+------------------------------------+---------+------------------+
| Ben-Hur                            | 212     | Over 3 hours     |
+------------------------------------+---------+------------------+
| Seven Samurai                      | 207     | Over 3 hours     |
+------------------------------------+---------+------------------+
```

```
| The Godfather Part II                         | 202      | Over 3 hours     |
+-----------------------------------------------+----------+------------------+
| The Lord of the Rings: The Return of the King | 201      | Over 3 hours     |
+-----------------------------------------------+----------+------------------+
| Schindler's List                              | 195      | Over 3 hours     |
+-----------------------------------------------+----------+------------------+
| Gandhi                                        | 191      | Over 3 hours     |
+-----------------------------------------------+----------+------------------+
| The Green Mile                                | 189      | Over 3 hours     |
+-----------------------------------------------+----------+------------------+
| Barry Lyndon                                  | 185      | Over 3 hours     |
+-----------------------------------------------+----------+------------------+
| The Deer Hunter                               | 183      | Over 3 hours     |
+-----------------------------------------------+----------+------------------+
| Avengers: Endgame                             | 181      | Over 3 hours     |
+-----------------------------------------------+----------+------------------+
| Dances with Wolves                            | 181      | Over 3 hours     |
+-----------------------------------------------+----------+------------------+
14 rows in set (0.00 sec)
```

重 點 統 整

◉ 條件邏輯是第三種生成衍生計算欄位的方式，透過條件所得的布林
  值來決定所指定的資料值為何，在實務中這樣的技巧又被稱為分箱
  （Binning）、編碼（Encoding）或者分組（Categorizing）。

◉ 這個章節學起來的 SQL 保留字：

  ● CASE WHEN

  ● THEN

  ● ELSE

  ● END

◉ 將截至目前所學的 SQL 保留字集中在一個敘述中，寫作順序必須
  遵從標準 SQL 的規定。

```
SELECT DISTINCT columns AS alias,
       CASE WHEN condition_1 THEN result_1
            WHEN condition_2 THEN result_2
            ...
            ELSE result_n END AS alias
  FROM table
 WHERE conditions
 ORDER BY columns DESC
 LIMIT m;
```

練習題

練習題會涵蓋四個學習資料庫，記得要依據題目的需求，調整編輯器選單的學習資料庫，在自己電腦的 SQLiteStudio 寫出跟預期輸出相同的 SQL 敘述，寫作過程如果卡關了，可以參考附錄 A「練習題參考解答」。

22 從 `covid19` 資料庫的 `daily_report` 資料表將「美國」與「非美國」的觀測值用衍生計算欄位區分，美國的觀測值給予 `'Is US'`、非美國的觀測值給予 `'Not US'`，參考下列的預期查詢結果。

預期輸出 (4011, 2) 的查詢結果。

```
-- 礙於紙本篇幅僅顯示出前五列示意
+-------------------------------+--------+
| Combined_Key                  | is_us  |
+-------------------------------+--------+
| Abbeville, South Carolina, US | Is US  |
+-------------------------------+--------+
| Abruzzo, Italy                | Not US |
+-------------------------------+--------+
| Acadia, Louisiana, US         | Is US  |
+-------------------------------+--------+
| Accomack, Virginia, US        | Is US  |
+-------------------------------+--------+
| Acre, Brazil                  | Not US |
+-------------------------------+--------+
5 rows in set (0.01 sec)
```

從 **imdb** 資料庫的 **movies** 資料表將評等超過 8.7（>8.7）的電影分類爲 **'Awesome'**、將評等超過 8.4（>8.4）的電影分類爲 **'Terrific'**，再將其餘的電影分類爲 **'Great'**，參考下列的預期查詢結果。

預期輸出　(250, 3) 的查詢結果。

```
-- 礙於紙本篇幅僅顯示出前五列示意
+--------------------------+--------+-----------------+
| title                    | rating | rating_category |
+--------------------------+--------+-----------------+
| The Shawshank Redemption | 9.3    | Awesome         |
+--------------------------+--------+-----------------+
| The Godfather            | 9.2    | Awesome         |
+--------------------------+--------+-----------------+
| The Dark Knight          | 9      | Awesome         |
+--------------------------+--------+-----------------+
| The Godfather Part II    | 9      | Awesome         |
+--------------------------+--------+-----------------+
| 12 Angry Men             | 9      | Awesome         |
+--------------------------+--------+-----------------+
5 rows in set (0.00 sec)
```

24 從 **twElection2020** 資料庫的 **admin_regions** 資料表將 **county** 分類爲 '六都' 與 '非六都'，參考下列的預期查詢結果。

註：六都爲臺北市、新北市、桃園市、臺中市、臺南市與高雄市。

預期輸出　(22, 2) 的查詢結果。

```
+-----------+-------------+
| county    | county_type |
+-----------+-------------+
| 新北市    | 六都        |
+-----------+-------------+
| 桃園市    | 六都        |
+-----------+-------------+
| 臺中市    | 六都        |
+-----------+-------------+
```

```
| 臺北市      | 六都       |
+-----------+-----------+
| 臺南市      | 六都       |
+-----------+-----------+
| 高雄市      | 六都       |
+-----------+-----------+
| 南投縣      | 非六都     |
+-----------+-----------+
| 嘉義市      | 非六都     |
+-----------+-----------+
| 嘉義縣      | 非六都     |
+-----------+-----------+
| 基隆市      | 非六都     |
+-----------+-----------+
| 宜蘭縣      | 非六都     |
+-----------+-----------+
| 屏東縣      | 非六都     |
+-----------+-----------+
| 彰化縣      | 非六都     |
+-----------+-----------+
| 新竹市      | 非六都     |
+-----------+-----------+
| 新竹縣      | 非六都     |
+-----------+-----------+
| 澎湖縣      | 非六都     |
+-----------+-----------+
| 臺東縣      | 非六都     |
+-----------+-----------+
| 花蓮縣      | 非六都     |
+-----------+-----------+
| 苗栗縣      | 非六都     |
+-----------+-----------+
| 連江縣      | 非六都     |
+-----------+-----------+
| 金門縣      | 非六都     |
+-----------+-----------+
| 雲林縣      | 非六都     |
+-----------+-----------+
22 rows in set (0.01 sec)
```

09

分組與聚合結果篩選

讀者如果是資料科學的初學者，可以略過下述的程式碼；讀者如果不是資料科學的初學者，欲使用 JupyterLab 執行本章節內容，必須先執行下述程式碼載入所需模組與連接資料庫。

```
%LOAD sqlite3 db=../databases/imdb.db timeout=2 shared_cache=true
ATTACH "../databases/nba.db" AS nba;
ATTACH "../databases/twElection2020.db" AS twElection2020;
```

9.1 複習一下

在第三章「從資料表選擇」我們提過使用 DISTINCT 保留字來為查詢的結果剔除重複值；第六章「排序查詢結果」我們提過在 SQL 敘述中加入 ORDER BY 指定欄位作為排序依據，預設為遞增排序。

```
SELECT DISTINCT director AS distinct_director
  FROM movies
 ORDER BY director
 LIMIT 10;
```

```
+------------------------+
| distinct_director      |
+------------------------+
| Aamir Khan             |
+------------------------+
| Adam Elliot            |
+------------------------+
| Akira Kurosawa         |
+------------------------+
| Alejandro G. Iñárritu  |
+------------------------+
| Alfred Hitchcock       |
+------------------------+
| Andrew Stanton         |
+------------------------+
| Anthony Russo          |
+------------------------+
| Asghar Farhadi         |
+------------------------+
| Billy Wilder           |
+------------------------+
| Bob Persichetti        |
+------------------------+
10 rows in set (0.00 sec)
```

9.2 以 GROUP BY 分組

對資料表中的欄位剔除重複值並且遞增排序,這樣的技巧在 SQL 與關聯式資料庫管理系統被稱為「分組」,在 SQL 敘述中加入 GROUP BY 就等同於 DISTINCT 與 ORDER BY 兩者同時作用的效果。

```
SELECT columns
  FROM table
 GROUP BY columns;
```

```
SELECT director
  FROM movies
 GROUP BY director
 LIMIT 10;
```

```
+------------------------+
| director               |
+------------------------+
| Aamir Khan             |
+------------------------+
| Adam Elliot            |
+------------------------+
| Akira Kurosawa         |
+------------------------+
| Alejandro G. Iñárritu  |
+------------------------+
| Alfred Hitchcock       |
+------------------------+
| Andrew Stanton         |
+------------------------+
| Anthony Russo          |
+------------------------+
| Asghar Farhadi         |
+------------------------+
| Billy Wilder           |
+------------------------+
| Bob Persichetti        |
+------------------------+
10 rows in set (0.00 sec)
```

我們也能夠指定多個資料表欄位作為分組依據，只需要在 GROUP BY 之後
用逗號，隔開不同欄位名稱即可，這時候會產生笛卡兒積（Cartesian
product）效果，意即不同欄位的獨一值會組成所有可能的集合，例如
GROUP BY director, release_year 會將導演與上映年份的所有可能組成顯
示於查詢結果。

```
SELECT director,
       release_year
  FROM movies
 GROUP BY director,
          release_year
 LIMIT 10;
```

+-----------------------+--------------+
| director | release_year |
+-----------------------+--------------+
| Aamir Khan | 2007 |
+-----------------------+--------------+
| Adam Elliot | 2009 |
+-----------------------+--------------+
| Akira Kurosawa | 1950 |
+-----------------------+--------------+
| Akira Kurosawa | 1952 |
+-----------------------+--------------+
| Akira Kurosawa | 1954 |
+-----------------------+--------------+
| Akira Kurosawa | 1961 |
+-----------------------+--------------+
| Akira Kurosawa | 1963 |
+-----------------------+--------------+
| Akira Kurosawa | 1975 |
+-----------------------+--------------+
| Akira Kurosawa | 1985 |
+-----------------------+--------------+
| Alejandro G. Iñárritu | 2000 |
+-----------------------+--------------+

10 rows in set (0.00 sec)

GROUP BY 除了能夠得到 DISTINCT 與 ORDER BY 同時作用的效果，另外一個
重要功能是搭配聚合函數進行分組聚合的資料分析技巧。在第五章「函
數」，我們將函數粗略分為兩大類：通用函數與聚合函數，其中「用來
彙總資訊」的函數，稱為聚合函數（Aggregate functions）。於 SELECT
後使用聚合函數的時候，能夠將欄位資料彙總後輸出。

```
SELECT AVG(rating) AS avg_rating
  FROM movies;
```

```
+------------------+
| avg_rating       |
+------------------+
| 8.30719999999998 |
+------------------+
1 row in set (0.00 sec)
```

舉例來說，現在我們希望計算不同年份 release_year 上映的電影平均評等，我們該怎麼做呢？比較直觀的想法是先知道有哪些年份。

```
SELECT release_year
  FROM movies
 GROUP BY release_year
 LIMIT 5;
```

```
+--------------+
| release_year |
+--------------+
| 1921         |
+--------------+
| 1924         |
+--------------+
| 1925         |
+--------------+
| 1926         |
+--------------+
| 1927         |
+--------------+
5 rows in set (0.00 sec)
```

接著篩選不同上映年份的電影，計算這些電影的平均評等。

```
SELECT AVG(rating) AS avg_rating
  FROM players
 WHERE release_year = 1921;
SELECT AVG(rating) AS avg_rating
  FROM players
 WHERE release_year = 1924;
-- To be continued...
```

不過上映年份有為數眾多的獨一值，我們不太可能一一做資料表觀測值
篩選然後計算平均評等。

```
SELECT COUNT(DISTINCT release_year) AS number_of_distinct_years
  FROM movies;
```

```
+--------------------------+
| number_of_distinct_years |
+--------------------------+
| 86                       |
+--------------------------+
1 row in set (0.00 sec)
```

9.3 結合聚合函數與 GROUP BY 完成分組聚合

同時使用聚合函數（例如 AVG()、COUNT()、SUM()...等）以及 GROUP BY 可
以便捷地達成分組聚合，完成上述計算不同年份 release_year 上映的電
影平均評等。

```
SELECT AGGREGATE_FUNCTION(column) AS alias
  FROM table
 GROUP BY columns;
```

```
SELECT release_year,
       AVG(rating) AS avg_rating
  FROM movies
 GROUP BY release_year
 LIMIT 10;
```

```
+--------------+------------------+
| release_year | avg_rating       |
+--------------+------------------+
| 1921         | 8.3              |
+--------------+------------------+
| 1924         | 8.2              |
+--------------+------------------+
| 1925         | 8.2              |
+--------------+------------------+
| 1926         | 8.2              |
+--------------+------------------+
| 1927         | 8.3              |
+--------------+------------------+
| 1928         | 8.2              |
+--------------+------------------+
| 1931         | 8.4              |
+--------------+------------------+
| 1934         | 8.1              |
+--------------+------------------+
| 1936         | 8.5              |
+--------------+------------------+
| 1939         | 8.13333333333333 |
+--------------+------------------+
10 rows in set (0.00 sec)
```

9.4 以 HAVING 篩選分組聚合結果

在第七章「從資料表篩選」我們提過運用 WHERE 保留字搭配條件
（Conditions）取出資料表符合「條件」的觀測值，這是一種作用於水平
資料列「觀測值」的篩選方式。不過，假如我們希望針對分組聚合的結
果進行篩選呢？

```
SELECT release_year,
       AVG(rating) AS avg_rating
  FROM movies
 WHERE AVG(rating) >= 8.5
 GROUP BY release_year;
```

Error: sqlite3_statement_backend::prepare: misuse of aggregate: AVG()

這時我們得到了一個錯誤訊息：misuse of aggregate: AVG() 意即針對分
組聚合的結果應用 WHERE 是不被允許的。在這樣的應用情境下，應該要
改使用 HAVING 保留字加上帶有聚合函數的條件。HAVING 就像是分組聚合
版本的 WHERE，兩者作用的維度不同，WHERE 篩選原始資料表列中的「觀
測值」、HAVING 篩選聚合結果中的「欄位」。

```
SELECT AGGREGATE_FUNCTION(column) AS alias
  FROM table
 GROUP BY columns
HAVING conditions;
```

```
SELECT release_year,
       AVG(rating) AS avg_rating
  FROM movies
 GROUP BY release_year
HAVING AVG(rating) >= 8.5;
```

```
+--------------+------------+
| release_year | avg_rating |
+--------------+------------+
| 1936         | 8.5        |
+--------------+------------+
| 1972         | 9.2        |
+--------------+------------+
| 1974         | 8.6        |
+--------------+------------+
| 1977         | 8.6        |
+--------------+------------+
| 1994         | 8.8        |
+--------------+------------+
| 1999         | 8.54       |
+--------------+------------+
| 2002         | 8.5        |
+--------------+------------+
| 2008         | 8.5        |
+--------------+------------+
8 rows in set (0.00 sec)
```

重點統整

- 在 SQL 敘述中加入 GROUP BY 就等同於 DISTINCT 與 ORDER BY 兩者同時作用的效果。

- GROUP BY 另外一個重要功能是搭配聚合函數進行分組聚合的資料分析技巧。

- 以 HAVING 篩選分組聚合結果。

- 這個章節學起來的 SQL 保留字：

  - GROUP BY

  - HAVING

- 將截至目前所學的 SQL 保留字集中在一個敘述中，寫作順序必須遵從標準 SQL 的規定。

```sql
SELECT DISTINCT columns AS alias,
       CASE WHEN condition_1 THEN result_1
            WHEN condition_2 THEN result_2
            ...
            ELSE result_n END AS alias
  FROM table
 WHERE conditions
 GROUP BY columns
HAVING conditions
 ORDER BY columns DESC
 LIMIT m;
```

練習題

練習題會涵蓋四個學習資料庫，記得要依據題目的需求，調整編輯器選單的學習資料庫，在自己電腦的 SQLiteStudio 寫出跟預期輸出相同的 SQL 敘述，寫作過程如果卡關了，可以參考附錄 A「練習題參考解答」。

25 從 `imdb` 資料庫的 `movies` 資料表計算每一年有幾部在 IMDb.com 獲得高評等的經典電影，參考下列的預期查詢結果。

註：在 `movies` 資料表中的所有電影都是高評等的經典電影，讀者不需要定義或篩選「高評等」。

預期輸出 (86, 2) 的查詢結果。

```
-- 礙於紙本篇幅僅顯示出前五列示意
+--------------+------------------+
| release_year | number_of_movies |
+--------------+------------------+
| 1921         | 1                |
+--------------+------------------+
| 1924         | 1                |
+--------------+------------------+
| 1925         | 1                |
+--------------+------------------+
| 1926         | 1                |
+--------------+------------------+
| 1927         | 1                |
+--------------+------------------+
5 rows in set (0.00 sec)
```

26 從 **imdb** 資料庫的 **movies** 資料表計算每一年有幾部在 IMDb.com 獲得高評等的經典電影,只顯示電影數在 5 部以上(**>= 5**)的年份,參考下列的預期查詢結果。

註:在 **movies** 資料表中的所有電影都是高評等的經典電影,讀者不需要定義或篩選「高評等」。

預期輸出 (17, 2) 的查詢結果。

```
+--------------+------------------+
| release_year | number_of_movies |
+--------------+------------------+
| 1957         | 6                |
+--------------+------------------+
| 1975         | 5                |
+--------------+------------------+
| 1994         | 5                |
+--------------+------------------+
| 1995         | 8                |
+--------------+------------------+
| 1997         | 5                |
+--------------+------------------+
| 1998         | 5                |
+--------------+------------------+
| 1999         | 5                |
+--------------+------------------+
| 2000         | 5                |
+--------------+------------------+
| 2001         | 5                |
+--------------+------------------+
| 2003         | 6                |
+--------------+------------------+
| 2004         | 7                |
+--------------+------------------+
| 2007         | 5                |
+--------------+------------------+
| 2009         | 6                |
+--------------+------------------+
| 2010         | 5                |
+--------------+------------------+
```

```
| 2011          | 5               |
+--------------+-----------------+
| 2014          | 5               |
+--------------+-----------------+
| 2019          | 6               |
+--------------+-----------------+
17 rows in set (0.00 sec)
```

27 從 **twElection2020** 資料庫的 **presidential** 資料表瞭解台灣 2020 總統副總統的選舉結果，參考下列的預期查詢結果。

預期輸出　(3, 2) 的查詢結果。

```
+--------------+--------------+
| candidate_id | total_votes  |
+--------------+--------------+
| 1            | 608590       |
+--------------+--------------+
| 2            | 5522119      |
+--------------+--------------+
| 3            | 8170231      |
+--------------+--------------+
3 rows in set (0.03 sec)
```

28 從 **nba** 資料庫的 **players** 資料表根據 **country** 瞭解 NBA 由哪些國家的球員所組成，參考下列的預期查詢結果。

預期輸出　(42, 2) 的查詢結果。

```
+-----------------------+-------------------+
| country               | number_of_players |
+-----------------------+-------------------+
| USA                   | 387               |
+-----------------------+-------------------+
| Canada                | 21                |
+-----------------------+-------------------+
| France                | 9                 |
+-----------------------+-------------------+
| Germany               | 8                 |
```

```
+-----------------------+-------------------+
| Australia             | 7                 |
+-----------------------+-------------------+
| Spain                 | 5                 |
+-----------------------+-------------------+
| Serbia                | 5                 |
+-----------------------+-------------------+
| Turkey                | 4                 |
+-----------------------+-------------------+
| Nigeria               | 4                 |
+-----------------------+-------------------+
| Slovenia              | 3                 |
+-----------------------+-------------------+
| Lithuania             | 3                 |
+-----------------------+-------------------+
| Japan                 | 3                 |
+-----------------------+-------------------+
| Croatia               | 3                 |
+-----------------------+-------------------+
| Bahamas               | 3                 |
+-----------------------+-------------------+
| Argentina             | 3                 |
+-----------------------+-------------------+
| United Kingdom        | 2                 |
+-----------------------+-------------------+
| Ukraine               | 2                 |
+-----------------------+-------------------+
| Montenegro            | 2                 |
+-----------------------+-------------------+
| Latvia                | 2                 |
+-----------------------+-------------------+
| Greece                | 2                 |
+-----------------------+-------------------+
| Georgia               | 2                 |
+-----------------------+-------------------+
| Dominican Republic    | 2                 |
+-----------------------+-------------------+
| DRC                   | 2                 |
+-----------------------+-------------------+
| Czech Republic        | 2                 |
```

```
+-------------------------+-------------------+
| Cameroon                | 2                 |
+-------------------------+-------------------+
| Brazil                  | 2                 |
+-------------------------+-------------------+
| Switzerland             | 1                 |
+-------------------------+-------------------+
| Sudan                   | 1                 |
+-------------------------+-------------------+
| South Sudan             | 1                 |
+-------------------------+-------------------+
| Senegal                 | 1                 |
+-------------------------+-------------------+
| Saint Lucia             | 1                 |
+-------------------------+-------------------+
| Republic of the Congo   | 1                 |
+-------------------------+-------------------+
| Portugal                | 1                 |
+-------------------------+-------------------+
| New Zealand             | 1                 |
+-------------------------+-------------------+
| Jamaica                 | 1                 |
+-------------------------+-------------------+
| Italy                   | 1                 |
+-------------------------+-------------------+
| Israel                  | 1                 |
+-------------------------+-------------------+
| Finland                 | 1                 |
+-------------------------+-------------------+
| Denmark                 | 1                 |
+-------------------------+-------------------+
| Bosnia and Herzegovina  | 1                 |
+-------------------------+-------------------+
| Austria                 | 1                 |
+-------------------------+-------------------+
| Angola                  | 1                 |
+-------------------------+-------------------+
42 rows in set (0.00 sec)
```

29 從 **nba** 資料庫的 **players** 資料表根據 **country** 瞭解 NBA 由哪些國家的球員所組成，只顯示球員數在 2 位以上（`>= 2`）並在 9 位以下（`<=9`）的國家，參考下列的預期查詢結果。

預期輸出 (24, 2) 的查詢結果。

```
+--------------------+-------------------+
| country            | number_of_players |
+--------------------+-------------------+
| France             | 9                 |
+--------------------+-------------------+
| Germany            | 8                 |
+--------------------+-------------------+
| Australia          | 7                 |
+--------------------+-------------------+
| Spain              | 5                 |
+--------------------+-------------------+
| Serbia             | 5                 |
+--------------------+-------------------+
| Turkey             | 4                 |
+--------------------+-------------------+
| Nigeria            | 4                 |
+--------------------+-------------------+
| Slovenia           | 3                 |
+--------------------+-------------------+
| Lithuania          | 3                 |
+--------------------+-------------------+
| Japan              | 3                 |
+--------------------+-------------------+
| Croatia            | 3                 |
+--------------------+-------------------+
| Bahamas            | 3                 |
+--------------------+-------------------+
| Argentina          | 3                 |
+--------------------+-------------------+
| United Kingdom     | 2                 |
+--------------------+-------------------+
| Ukraine            | 2                 |
+--------------------+-------------------+
```

分組與聚合結果篩選

```
| Montenegro        | 2                |
+-------------------+------------------+
| Latvia            | 2                |
+-------------------+------------------+
| Greece            | 2                |
+-------------------+------------------+
| Georgia           | 2                |
+-------------------+------------------+
| Dominican Republic | 2               |
+-------------------+------------------+
| DRC               | 2                |
+-------------------+------------------+
| Czech Republic    | 2                |
+-------------------+------------------+
| Cameroon          | 2                |
+-------------------+------------------+
| Brazil            | 2                |
+-------------------+------------------+
24 rows in set (0.00 sec)
```

10

子查詢

讀者如果是資料科學的初學者，可以略過下述的程式碼；讀者如果不是
資料科學的初學者，欲使用 JupyterLab 執行本章節內容，必須先執行下
述程式碼載入所需模組與連接資料庫。

```
%LOAD sqlite3 db=../databases/imdb.db timeout=2 shared_cache=true
ATTACH "../databases/nba.db" AS nba;
ATTACH "../databases/twElection2020.db" AS twElection2020;
```

10.1 複習一下

在第五章「函數」我們提過複合函數（Composite functions）的概念，意
即在函數中包括函數、先後使用多個函數，先使用的函數輸出將會成為
後使用的函數輸入。舉例來說，SUBSTR() 函數的輸出為 'Bos'，成為
UPPER() 函數的輸入，最後的輸出為 'BOS'。

```
SELECT 'Boston' AS city,
       UPPER(SUBSTR('Boston', 1, 3)) AS composite_function;
```

```
+--------+-------------------+
| city   | composite_function |
+--------+-------------------+
| Boston | BOS               |
+--------+-------------------+
1 row in set (0.00 sec)
```

10.2 子查詢

如果是一段 SQL 敘述中包括另外一段 SQL 敘述、先後使用多個 SQL 敘述，先執行的 SQL 敘述查詢結果將會成回後執行的 SQL 敘述中的依據，這樣的 SQL 敘述結構就稱為子查詢（Subquery）。常見的子查詢結構有三種外型：

◉ 接續在 WHERE 保留字後的結構外型。

```
SELECT columns
  FROM table
 WHERE (SELECT columns FROM table ...);
```

◉ 接續在 SELECT 保留字後的結構外型。

```
SELECT (SELECT columns FROM table ...)
  FROM table;
```

◉ 接續在 FROM 保留字後的結構外型，這裡要注意的是先前別名是針對欄位名稱，這裡則是將先執行的 SQL 敘述查詢結果視為像資料表（實際上並不是）的存在。

```
SELECT columns
  FROM (SELECT columns FROM table ...) AS alias;
```

10.3 常見的子查詢應用情境

檢視常見的三種子查詢結構外型，可以概略猜到子查詢的應用情境。接續在 WHERE 保留字後的結構外型，應用於篩選資料表觀測值的條件必須要先經過一個 SQL 敘述查詢才能夠建立；接續在 SELECT 保留字後的結構外型，應用於衍生計算欄位的算式部分必須要先經過一個 SQL 敘述查詢才能夠獲得；接續在 FROM 保留字後的結構外型，應用於將先執行的 SQL 敘述查詢結果視為像資料表（實際上並不是）對待來取得所需資訊。

情境一是接續在 WHERE 保留字後的結構外型，舉例來說，我們想知道片長 runtime 最短的電影是哪一部？假定最短片長為 x，我們可以寫出以下的 SQL 敘述得到這個問題的答案：

```sql
SELECT title,
       runtime
  FROM movies
 WHERE runtime = x;
```

但是 x 必須要先經過一個 SQL 敘述查詢才能得知為多少，獲得關鍵 x 的 SQL 敘述為：

```
SELECT MIN(runtime) AS min_runtime
  FROM movies;

+-------------+
| min_runtime |
+-------------+
| 45          |
+-------------+
1 row in set (0.00 sec)
```

接著我們可以將 x 替換為 SQL 敘述，並用小括號 () 包裝起來，就能成功將本來應該分兩次、先後執行的 SQL 敘述，調整為子查詢的結構外型。

```
SELECT title,
       runtime
  FROM movies
 WHERE runtime = (
                  SELECT MIN(runtime) AS min_runtime
                    FROM movies
                 );

+--------------+---------+
| title        | runtime |
+--------------+---------+
| Sherlock Jr. | 45      |
+--------------+---------+
1 row in set (0.00 sec)
```

值得注意的地方有兩個，一是子查詢的結構外型也只能有一個分號；來標註 SQL 敘述的結束，因此替換之後要記得只留下最後執行 SQL 敘述的分號。二是替換之後因為排版變得比較亂，這時可以善用 SQLiteStudio 的 Format SQL 功能讓寫作的 SQL 敘述之編排、格式和設計具備更高的可讀性。

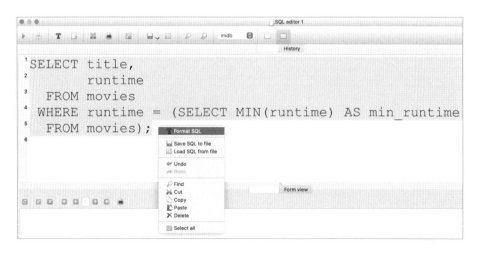

```
                                        SQL editor 1
   T                        imdb
                                        History
1 SELECT title,
2        runtime
3   FROM movies
4  WHERE runtime = (
5                     SELECT MIN(runtime) AS min_runtime
6                       FROM movies
7                   );
8
```

情境二是接續在 SELECT 保留字後的結構外型，舉例來說，我們想知道在千禧年（西元 2000 年）之後上映的電影佔比為多少？假定在千禧年（西元 2000 年）之後上映的電影有 x 部，我們可以寫出以下的 SQL 敘述得到這個問題的答案：

```
SELECT x * 1.0 / COUNT(*) AS after_millennium_ratio
  FROM movies;
```

但是 x 必須要先經過一個 SQL 敘述查詢才能得知為多少，獲得關鍵 x 的 SQL 敘述為：

```
SELECT COUNT(*) AS count_after_millennium
  FROM movies
 WHERE release_year >= 2000;
```

```
+------------------------+
| count_after_millennium |
+------------------------+
| 96                     |
+------------------------+
1 row in set (0.00 sec)
```

接著我們可以將 x 替換為 SQL 敘述，並用小括號 () 包裝起來，就能成功將本來應該分兩次、先後執行的 SQL 敘述，調整為子查詢的結構外型。

```
SELECT (
           SELECT COUNT( * ) AS count_after_millennium
             FROM movies
            WHERE release_year >= 2000
       )* 1.0 / COUNT( * ) AS after_millennium_ratio
  FROM movies;
```

```
+-----------------------+
| after_millennium_ratio |
+-----------------------+
| 0.384                 |
+-----------------------+
1 row in set (0.00 sec)
```

情境三是接續在 FROM 保留字後的結構外型，舉例來說，我們想知道不同
年份 release_year 上映的電影平均評等有哪些年份是大於等於 8.5 的？
在第九章「分組與聚合結果篩選」我們提過針對分組聚合的結果應用
WHERE 是不被允許的，應該要改使用分組聚合版本的 HAVING 保留字加上
帶有聚合函數的條件。

```
SELECT release_year,
       AVG(rating) AS avg_rating
  FROM movies
 GROUP BY release_year
HAVING AVG(rating) >= 8.5;
```

```
+--------------+------------+
| release_year | avg_rating |
+--------------+------------+
| 1936         | 8.5        |
+--------------+------------+
| 1972         | 9.2        |
+--------------+------------+
| 1974         | 8.6        |
+--------------+------------+
| 1977         | 8.6        |
+--------------+------------+
| 1994         | 8.8        |
```

```
+--------------+------------+
| 1999         | 8.54       |
+--------------+------------+
| 2002         | 8.5        |
+--------------+------------+
| 2008         | 8.5        |
+--------------+------------+
8 rows in set (0.00 sec)
```

除了前述改使用分組聚合版本的 HAVING 保留字加上帶有聚合函數的條件以外，我們也能透過子查詢來完成。假定有一個資料表 avg_rating_by_release_year 記錄了不同年份 release_year 上映的電影平均評等，我們可以寫出以下的 SQL 敘述得到這個問題的答案：

```
SELECT *
  FROM avg_rating_by_release_year
 WHERE avg_rating >= 8.5;
```

但是 avg_rating_by_release_year 必須要先經過一個 SQL 敘述查詢才能得知為多少，獲得關鍵 avg_rating_by_release_year 的 SQL 敘述為：

```
SELECT release_year,
       AVG(rating) AS avg_rating
  FROM movies
 GROUP BY release_year;
```

接著我們可以將 avg_rating_by_release_year 替換為 SQL 敘述，並用小括號 () 包裝起來，並加上別名，就能成功將本來應該分兩次、先後執行的 SQL 敘述，調整為子查詢的結構外型。

```
SELECT *
  FROM (
          SELECT release_year,
                 AVG(rating) AS avg_rating
            FROM movies
```

```
          GROUP BY release_year
      )
      AS avg_rating_by_release_year
WHERE avg_rating >= 8.5;
```

```
+--------------+------------+
| release_year | avg_rating |
+--------------+------------+
| 1936         | 8.5        |
+--------------+------------+
| 1972         | 9.2        |
+--------------+------------+
| 1974         | 8.6        |
+--------------+------------+
| 1977         | 8.6        |
+--------------+------------+
| 1994         | 8.8        |
+--------------+------------+
| 1999         | 8.54       |
+--------------+------------+
| 2002         | 8.5        |
+--------------+------------+
| 2008         | 8.5        |
+--------------+------------+
8 rows in set (0.00 sec)
```

重點統整

⊚ 一段 SQL 敘述中包括另外一段 SQL 敘述、先後使用多個 SQL 敘述，先執行的 SQL 敘述查詢結果將會成回後執行的 SQL 敘述中的依據，這樣的 SQL 敘述結構就稱為子查詢（Subquery）。

⊚ 常見的子查詢結構有三種外型：

● 接續在 WHERE 保留字後的結構外型。

● 接續在 SELECT 保留字後的結構外型。

● 接續在 FROM 保留字後的結構外型，這裡要注意的是先前別名是針對欄位名稱，這裡則是將先執行的 SQL 敘述查詢結果視為像資料表（實際上並不是）的存在。

⊚ 將截至目前所學的 SQL 保留字集中在一個敘述中，寫作順序必須遵從標準 SQL 的規定。

```
SELECT DISTINCT columns AS alias,
       CASE WHEN condition_1 THEN result_1
            WHEN condition_2 THEN result_2
            ...
            ELSE result_n END AS alias
  FROM table
 WHERE conditions
 GROUP BY columns
HAVING conditions
 ORDER BY columns DESC
 LIMIT m;
```

練習題

練習題會涵蓋四個學習資料庫，記得要依據題目的需求，調整編輯器選單的學習資料庫，在自己電腦的 SQLiteStudio 寫出跟預期輸出相同的 SQL 敘述，寫作過程如果卡關了，可以參考附錄 A「練習題參考解答」。

30 從 **nba** 資料庫的 **players** 資料表運用子查詢找出 NBA 中身高最高與最矮的球員是誰，參考下列的預期查詢結果。

預期輸出 (3, 3) 的查詢結果。

```
+-----------+------------+--------------+
| firstName | lastName   | heightMeters |
+-----------+------------+--------------+
| Isaiah    | Thomas     | 1.75         |
+-----------+------------+--------------+
| Kristaps  | Porzingis  | 2.21         |
+-----------+------------+--------------+
| Boban     | Marjanovic | 2.21         |
+-----------+------------+--------------+
3 rows in set (0.00 sec)
```

31 從 **nba** 資料庫的 **players** 資料表運用子查詢計算球員的國籍佔比，參考下列的預期查詢結果。

預期輸出 (42, 2) 的查詢結果。

```
+------------------------+--------------------+
| country                | player_percentage  |
+------------------------+--------------------+
| USA                    | 0.764822134387352  |
+------------------------+--------------------+
| Canada                 | 0.041501976284585  |
+------------------------+--------------------+
| France                 | 0.0177865612648221 |
+------------------------+--------------------+
```

```
| Germany              | 0.0158102766798419   |
+----------------------+----------------------+
| Australia            | 0.0138339920948617   |
+----------------------+----------------------+
| Serbia               | 0.00988142292490119  |
+----------------------+----------------------+
| Spain                | 0.00988142292490119  |
+----------------------+----------------------+
| Nigeria              | 0.00790513833992095  |
+----------------------+----------------------+
| Turkey               | 0.00790513833992095  |
+----------------------+----------------------+
| Argentina            | 0.00592885375494071  |
+----------------------+----------------------+
| Bahamas              | 0.00592885375494071  |
+----------------------+----------------------+
| Croatia              | 0.00592885375494071  |
+----------------------+----------------------+
| Japan                | 0.00592885375494071  |
+----------------------+----------------------+
| Lithuania            | 0.00592885375494071  |
+----------------------+----------------------+
| Slovenia             | 0.00592885375494071  |
+----------------------+----------------------+
| Brazil               | 0.00395256916996047  |
+----------------------+----------------------+
| Cameroon             | 0.00395256916996047  |
+----------------------+----------------------+
| Czech Republic       | 0.00395256916996047  |
+----------------------+----------------------+
| DRC                  | 0.00395256916996047  |
+----------------------+----------------------+
| Dominican Republic   | 0.00395256916996047  |
+----------------------+----------------------+
| Georgia              | 0.00395256916996047  |
+----------------------+----------------------+
| Greece               | 0.00395256916996047  |
+----------------------+----------------------+
| Latvia               | 0.00395256916996047  |
+----------------------+----------------------+
```

Montenegro	0.00395256916996047
Ukraine	0.00395256916996047
United Kingdom	0.00395256916996047
Angola	0.00197628458498024
Austria	0.00197628458498024
Bosnia and Herzegovina	0.00197628458498024
Denmark	0.00197628458498024
Finland	0.00197628458498024
Israel	0.00197628458498024
Italy	0.00197628458498024
Jamaica	0.00197628458498024
New Zealand	0.00197628458498024
Portugal	0.00197628458498024
Republic of the Congo	0.00197628458498024
Saint Lucia	0.00197628458498024
Senegal	0.00197628458498024
South Sudan	0.00197628458498024
Sudan	0.00197628458498024
Switzerland	0.00197628458498024

42 rows in set (0.00 sec)

32 從 nba 資料庫運用子查詢找出 NBA 的場均得分王（**ppg**），參考下列的預期查詢結果。

預期輸出 (1, 2) 的查詢結果。

```
+-----------+-----------+
| firstName | lastName  |
+-----------+-----------+
| Kevin     | Durant    |
+-----------+-----------+
1 row in set (0.00 sec)
```

33 從 nba 資料庫運用子查詢找出目前布魯克林籃網隊（Brooklyn Nets）的球員名單，參考下列的預期查詢結果。

預期輸出 (16, 2) 的查詢結果。

```
+-----------+-----------+
| firstName | lastName  |
+-----------+-----------+
| LaMarcus  | Aldridge  |
+-----------+-----------+
| Kevin     | Durant    |
+-----------+-----------+
| Goran     | Dragic    |
+-----------+-----------+
| Blake     | Griffin   |
+-----------+-----------+
| Patty     | Mills     |
+-----------+-----------+
| Kyrie     | Irving    |
+-----------+-----------+
| Andre     | Drummond  |
+-----------+-----------+
| Seth      | Curry     |
+-----------+-----------+
| Joe       | Harris    |
+-----------+-----------+
| Ben       | Simmons   |
+-----------+-----------+
```

```
+-----------+----------+
| Bruce     | Brown    |
+-----------+----------+
| Nic       | Claxton  |
+-----------+----------+
| Day'Ron   | Sharpe   |
+-----------+----------+
| Kessler   | Edwards  |
+-----------+----------+
| Cam       | Thomas   |
+-----------+----------+
| David     | Duke Jr. |
+-----------+----------+
16 rows in set (0.00 sec)
```

 從 **twElection2020** 資料庫的 **presidential** 資料表計算各組候選人的得票率，參考下列的預期查詢結果。

預期輸出 (3, 2) 的查詢結果。

```
+--------------+------------------+
| candidate_id | votes_percentage |
+--------------+------------------+
| 1            | 4.26%            |
+--------------+------------------+
| 2            | 38.61%           |
+--------------+------------------+
| 3            | 57.13%           |
+--------------+------------------+
3 rows in set (0.06 sec)
```

11

垂直與水平合併資料

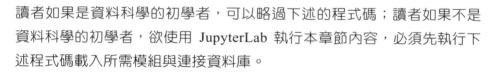

讀者如果是資料科學的初學者，可以略過下述的程式碼；讀者如果不是資料科學的初學者，欲使用 JupyterLab 執行本章節內容，必須先執行下述程式碼載入所需模組與連接資料庫。

```
%LOAD sqlite3 db=../databases/imdb.db timeout=2 shared_cache=true
ATTACH "../databases/nba.db" AS nba;
ATTACH "../databases/twElection2020.db" AS twElection2020;
ATTACH "../databases/covid19.db" AS covid19;
```

11.1 複習一下

在第十章「子查詢」我們提過常見的子查詢結構有三種外型：

1. 接續在 WHERE 保留字後的結構外型。
2. 接續在 SELECT 保留字後的結構外型。

3. 接續在 FROM 保留字後的結構外型，這裡要注意的是先前別名是針對
   欄位名稱，這裡則是將先執行的 SQL 敘述查詢結果視為像資料表
   （實際上並不是）的存在。

舉例來說，我們想知道哪幾部電影 Tom Hanks 有演出？要回答這個問題
首先得檢視 imdb 學習資料庫中具有的三個資料表：actors、casting 與
movies。

```
SELECT *
  FROM actors
 LIMIT 5;
```

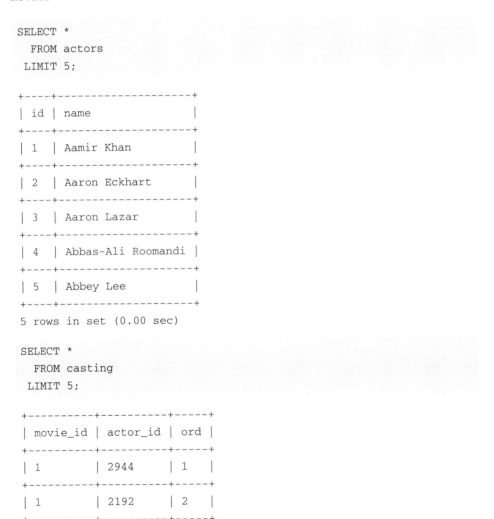

```
+----+--------------------+
| id | name               |
+----+--------------------+
| 1  | Aamir Khan         |
+----+--------------------+
| 2  | Aaron Eckhart      |
+----+--------------------+
| 3  | Aaron Lazar        |
+----+--------------------+
| 4  | Abbas-Ali Roomandi |
+----+--------------------+
| 5  | Abbey Lee          |
+----+--------------------+
5 rows in set (0.00 sec)
```

```
SELECT *
  FROM casting
 LIMIT 5;
```

```
+----------+----------+-----+
| movie_id | actor_id | ord |
+----------+----------+-----+
| 1        | 2944     | 1   |
+----------+----------+-----+
| 1        | 2192     | 2   |
+----------+----------+-----+
```

```
| 1         | 330      | 3   |
+---------+--------+-----+
| 1         | 3134     | 4   |
+---------+--------+-----+
| 1         | 552      | 5   |
+---------+--------+-----+
5 rows in set (0.00 sec)
```

```
SELECT *
  FROM movies
 LIMIT 5;
```

```
+----+------------------------+--------------+--------+----------------------+---------+
| id | title                  | release_year | rating | director             | runtime |
+----+------------------------+--------------+--------+----------------------+---------+
| 1  | The Shawshank Redemption | 1994       | 9.3    | Frank Darabont       | 142     |
+----+------------------------+--------------+--------+----------------------+---------+
| 2  | The Godfather          | 1972         | 9.2    | Francis Ford Coppola | 175     |
+----+------------------------+--------------+--------+----------------------+---------+
| 3  | The Dark Knight        | 2008         | 9      | Christopher Nolan    | 152     |
+----+------------------------+--------------+--------+----------------------+---------+
| 4  | The Godfather Part II  | 1974         | 9      | Francis Ford Coppola | 202     |
+----+------------------------+--------------+--------+----------------------+---------+
| 5  | 12 Angry Men           | 1957         | 9      | Sidney Lumet         | 96      |
+----+------------------------+--------------+--------+----------------------+---------+
5 rows in set (0.00 sec)
```

回到問題本身「我們想知道哪幾部電影 Tom Hanks 有演出？」我們必須先知道 Tom Hanks 的演員編號 actor_id 是多少，這樣我們才能夠從 casting 資料表對應出哪些電影編號 movie_id，進而再由 movies 資料表取得電影資訊 title。假定 Tom Hanks 有演出的電影編號為 x，我們可以寫出以下的 SQL 敘述得到這個問題的答案：

```
SELECT title
  FROM movies
 WHERE id IN x;
```

但是 x 必須要先經過一個 SQL 敘述查詢才能得知為多少,假定 Tom Hanks 的演員編號為 y,獲得關鍵 x 的 SQL 敘述為:

```sql
SELECT movie_id
  FROM casting
 WHERE actor_id = y;
```

y 也必須要再一個 SQL 敘述查詢才能得知為多少,獲得關鍵 y 的 SQL 敘述為:

```sql
SELECT id
  FROM actors
 WHERE name = 'Tom Hanks';
```

接著我們可以將 x 與 y 依序替換為 SQL 敘述,並用小括號 () 包裝起來,就能成功將本來應該分三次、先後執行的 SQL 敘述,調整為子查詢的結構外型。

```sql
SELECT title
  FROM movies
 WHERE id IN (
          SELECT movie_id
            FROM casting
           WHERE actor_id = (
                              SELECT id
                                FROM actors
                               WHERE name = 'Tom Hanks'
                             )
       );
```

```
+--------------------+
| title              |
+--------------------+
| Forrest Gump       |
+--------------------+
| Saving Private Ryan |
+--------------------+
```

```
| The Green Mile      |
+---------------------+
| Toy Story           |
+---------------------+
| Toy Story 3         |
+---------------------+
| Catch Me If You Can |
+---------------------+
6 rows in set (0.00 sec)
```

回答「我們想知道哪幾部電影 Tom Hanks 有演出？」問題的過程展現了透過子查詢，我們已經有能力從查詢「單個」資料表擴展至查詢「多個」資料表，而除了子查詢以外，垂直與水平合併也是整合多個資料表內容的技巧。

11.2 關聯

在第一章「簡介」我們提過關聯式資料庫是以列（Rows）與欄（Columns）所組成的二維表格形式記錄，並且遵守關聯式模型準則設計，經由設計資料表彼此之間的關聯，讓資料的重複性降低，除了提高儲存效率，亦有便於維護的優點。而所謂的關聯，具體來說就是讓資料從兩個維度合併：

1. 垂直合併：從垂直的方向關聯資料的列（觀測值）。
2. 水平合併：從水平的方向關聯資料的欄（變數）。

更簡單的說明，垂直合併就是列的結合，(m, n) 外型與 (m, n) 外型的資料垂直合併後為 (2m, n) 外型；水平合併就是欄的結合，(m, n) 外型與 (m, n) 外型的資料水平合併後為 (m, 2n) 外型。

11.3 以 UNION 垂直合併

以 UNION 保留字合併 SQL 敘述，資料合併依據是 SELECT 保留字後的順序。

```
A SQL statement
UNION
Another SQL statement
```

舉例來說，第一個 SQL 敘述從 movies 資料表中篩選出兩位導演。

```
SELECT director
  FROM movies
 WHERE director IN ('Christopher Nolan', 'Steven Spielberg');
```

```
+-------------------+
| director          |
+-------------------+
| Christopher Nolan |
+-------------------+
| Steven Spielberg  |
+-------------------+
| Christopher Nolan |
+-------------------+
| Steven Spielberg  |
+-------------------+
| Christopher Nolan |
+-------------------+
| Christopher Nolan |
+-------------------+
| Christopher Nolan |
+-------------------+
| Steven Spielberg  |
+-------------------+
| Christopher Nolan |
+-------------------+
| Steven Spielberg  |
+-------------------+
```

```
| Christopher Nolan  |
+--------------------+
| Steven Spielberg   |
+--------------------+
| Steven Spielberg   |
+--------------------+
| Steven Spielberg   |
+--------------------+
14 rows in set (0.00 sec)
```

第二個 SQL 敘述從 actors 資料表篩選出兩位演員。

```
SELECT name
  FROM actors
 WHERE name IN ('Tom Hanks', 'Leonardo DiCaprio');
```

```
+--------------------+
| name               |
+--------------------+
| Leonardo DiCaprio  |
+--------------------+
| Tom Hanks          |
+--------------------+
2 rows in set (0.00 sec)
```

在兩個 SQL 敘述中以 UNION 保留字合併原本記錄於不同資料表的兩位導演與兩位演員。

```
SELECT director AS my_favorites
  FROM movies
 WHERE director IN ('Christopher Nolan', 'Steven Spielberg')
 UNION
SELECT name
  FROM actors
 WHERE name IN ('Tom Hanks', 'Leonardo DiCaprio');
```

```
+-------------------+
| my_favorites      |
+-------------------+
| Christopher Nolan |
+-------------------+
| Leonardo DiCaprio |
+-------------------+
| Steven Spielberg  |
+-------------------+
| Tom Hanks         |
+-------------------+
4 rows in set (0.00 sec)
```

從前述這個垂直合併的查詢結果中，我們可以觀察到重複的觀測值會被省略並且有遞增排序，就像是加入了 GROUP BY 保留字一般的效果。假如不希望重複的觀測值被剔除、也不想要有排序，可以改用 UNION ALL 保留字垂直合併。

```
SELECT director AS my_favorites
  FROM movies
 WHERE director IN ('Christopher Nolan', 'Steven Spielberg')
 UNION ALL
SELECT name
  FROM actors
 WHERE name IN ('Tom Hanks', 'Leonardo DiCaprio');
```

```
+-------------------+
| my_favorites      |
+-------------------+
| Christopher Nolan |
+-------------------+
| Steven Spielberg  |
+-------------------+
| Christopher Nolan |
+-------------------+
| Steven Spielberg  |
+-------------------+
| Christopher Nolan |
```

```
+-------------------+
| Christopher Nolan |
+-------------------+
| Christopher Nolan |
+-------------------+
| Steven Spielberg  |
+-------------------+
| Christopher Nolan |
+-------------------+
| Steven Spielberg  |
+-------------------+
| Christopher Nolan |
+-------------------+
| Steven Spielberg  |
+-------------------+
| Steven Spielberg  |
+-------------------+
| Steven Spielberg  |
+-------------------+
| Leonardo DiCaprio |
+-------------------+
| Tom Hanks         |
+-------------------+
16 rows in set (0.00 sec)
```

11.3.1 值得注意的垂直合併特性

上、下 SQL 敘述所選擇的欄位數要相同，不然會發生錯誤。

```
SELECT director AS my_favorites
  FROM movies
 WHERE director IN ('Christopher Nolan', 'Steven Spielberg')
 UNION
SELECT name,
       id -- do not have the same number of result columns
  FROM actors
 WHERE name IN ('Tom Hanks', 'Leonardo DiCaprio');
```

```
Error while executing SQL query on database 'imdb': SELECTs to the
left and right of UNION do not have the same number of result columns
```

若有使用到 ORDER BY 保留字要放在 UNION 之後，不然會發生錯誤。

```sql
SELECT director AS my_favorites
  FROM movies
 WHERE director IN ('Christopher Nolan', 'Steven Spielberg')
 ORDER BY my_favorites -- ORDER BY clause should come after UNION
not before
 UNION
SELECT name
  FROM actors
 WHERE name IN ('Tom Hanks', 'Leonardo DiCaprio');
```

```
Error while executing SQL query on database 'imdb': ORDER BY clause
should come after UNION not before
```

11.4 以 JOIN 水平合併

有別於垂直合併的依據是 SELECT 保留字後的順序，水平合併的依據是資料表之間的連接鍵（Join keys），也就是用來關聯兩張資料表的欄位。由於資料是以水平維度進行合併，因此還會有左資料表與右資料表之分。

```sql
SELECT left_table.columns,
       right_table.columns
  FROM left_table
  JOIN right_table
    ON left_table.join_key = right_table.join_key;
```

在 `FROM` 保留字之後的資料表被稱為左資料表（Left table）或稱主要資料表；在 `JOIN` 保留字之後的資料表被稱為右資料表（Right table）或稱次要資料表。如果要水平合併的資料表不只兩個，可以再添加 `JOIN` 與 `ON` 納入更多的次要資料表。

```sql
SELECT left_table.columns,
       right_table_one.columns,
       right_table_two.columns
  FROM left_table
  JOIN right_table_one
    ON left_table.join_key = right_table_one.join_key
  JOIN right_table_two
    ON left_table.join_key|right_table_one.join_key =
right_table_two.join_key;
```

在 `ON` 保留字之後的敘述包含了資料表名稱與連接鍵的宣告 `table.join_key` 中間用 `.` 來區分資料表名稱與連接鍵。而在 `SELECT` 保留字之後所選擇的欄位，因為能夠從主要資料表與次要資料表中選擇，為了提升可讀性、同時也避免模糊錯誤（Ambiguity error）的發生，也同樣會以 `table.columns` 明確表示資料表名稱與所選擇欄位。

我們再一次回到問題「我們想知道哪幾部電影 Tom Hanks 有演出？」我們必須先知道 Tom Hanks 的演員編號 `actor_id` 是多少，這樣我們才能夠從 `casting` 資料表對應出哪些電影編號 `movie_id`，進而再由 `movies` 資料表取得電影資訊 `title`。除了採用本章開頭的子查詢解題，我們也能運用水平合併將三個資料表連接後解題，而資料表之間的關係，能夠透過實體關係圖（ER Diagram, Entity Relationship Diagram）來呈現。

實體關係圖會將關聯式資料庫中每個資料表像清單般展開，最上方是該資料表名稱，置頂且粗體的欄位名稱則標註了該資料表中用來區隔「不重複」觀測值的變數，也就是所謂的主鍵（Primary key）；資料表與資料表之間的連線則描述兩者能夠透過連接鍵關聯。舉例來說，從 `imdb` 資

料庫的實體關係圖，可以得知 actors 的主鍵為 id、可以透過 actors.id 與 casting.actor_id 連接；movies 主鍵為 id、可以透過 movies.id 與 casting.movie_id 連接。因此回答問題「我們想知道哪幾部電影 Tom Hanks 有演出？」可以將三張資料表連接後，篩選 Tom Hanks 的演員姓名，最後選擇電影名稱。

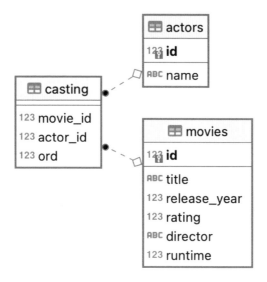

```
SELECT movies.title
  FROM movies
  JOIN casting
    ON movies.id = casting.movie_id
  JOIN actors
    ON casting.actor_id = actors.id
 WHERE actors.name = 'Tom Hanks';
```

```
+---------------------+
| title               |
+---------------------+
| Forrest Gump        |
+---------------------+
| Saving Private Ryan |
+---------------------+
| The Green Mile      |
```

```
+---------------------+
| Toy Story           |
+---------------------+
| Toy Story 3         |
+---------------------+
| Catch Me If You Can |
+---------------------+
6 rows in set (0.00 sec)
```

如果沒有選擇指定的欄位，`SELECT *` 可以觀察到水平合併的效果，是將三個資料表的欄都集中到了一個查詢結果中，`id:runtime` 來自 `movies` 資料表；`movie_id:ord` 來自 `casting` 資料表；`id:name` 來自 `actors` 資料表。

```sql
SELECT *
  FROM movies
  JOIN casting
    ON movies.id = casting.movie_id
  JOIN actors
    ON casting.actor_id = actors.id
 WHERE actors.name = 'Tom Hanks';
```

	id	title	release_year	rating	director	runtime	movie_id	actor_id	ord	id:1	name
1	11	Forrest Gump	1994	8.8	Robert Zemeckis	142	11	2957	1	2957	Tom Hanks
2	24	Saving Private Ryan	1998	8.6	Steven Spielberg	169	24	2957	1	2957	Tom Hanks
3	26	The Green Mile	1999	8.6	Frank Darabont	189	26	2957	1	2957	Tom Hanks
4	75	Toy Story	1995	8.3	John Lasseter	81	75	2957	1	2957	Tom Hanks
5	84	Toy Story 3	2010	8.3	Lee Unkrich	103	84	2957	1	2957	Tom Hanks
6	177	Catch Me If You Can	2002	8.1	Steven Spielberg	141	177	2957	2	2957	Tom Hanks

註：此處輸出結果過寬，於書中呈現的效果不佳，故改以圖片方式呈現輸出結果供讀者參照。

舉例來說，從 `covid19` 資料庫的實體關係圖，可以得知 `daily_report` 的主鍵為 `Combined_Key`、可以透過 `daily_report.Combined_Key` 與 `lookup_table.Combined_Key` 連接；`lookup_table` 主鍵為 `UID`、可以透過 `lookup_table.Country_Region` 與 `time_series.Country_Region` 連接。

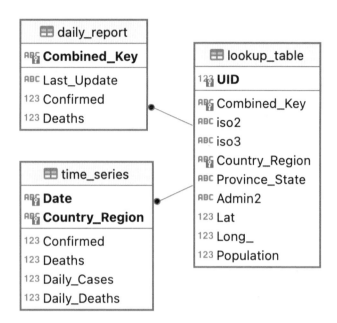

舉例來說，從 nba 資料庫的實體關係圖，可以得知 career_summaries 的主鍵為 personId、可以透過 career_summaries.personId 與 players.personId 連接；teams 主鍵為 teamId、可以透過 teams.teamId 與 players.teamId 連接。

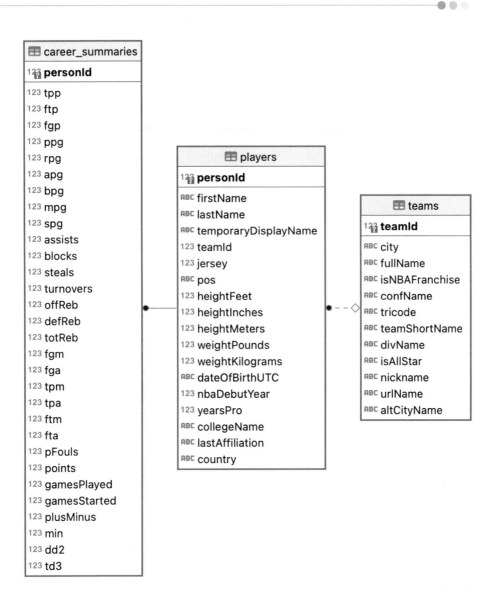

舉例來說，從 twElection2020 資料庫的實體關係圖，可以得知 admin_regions 的主鍵為 id、可以透過 admin_regions.id 與 legislative_at_large.admin_region_id、legislative_regional.admin_region_id、presidential.admin_region_id 連接；candidates 主鍵為 id、可以透過 candidates.id 與 presidential.candidate_id、legislative_regional.candidate_id 連接，

透過 `candidates.party_id` 與 `parties.id` 連接；`parties` 主鍵為 `id`、可以透過 `parties.id` 與 `legislative_at_large.party_id`、`candidates.party_id` 連接。

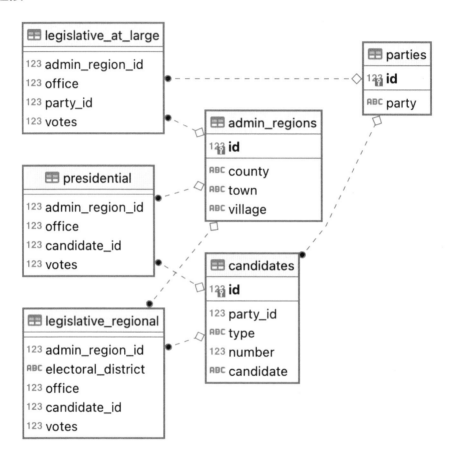

11.4.1 值得注意的水平合併特性

留意資料的映射關係，像是一對一、一對多、多對一以及多對多的關係，舉例來說，從 `imdb` 資料庫中我們可以發現電影（movies）與演員（actors）是多對多的關係，在一部電影中會有多位演員、一位演員也能出演多部電影，因此連接一部電影與卡司時資料列數會有一對多的情況。

```
SELECT movies.title,
       casting.actor_id
  FROM movies
  JOIN casting
    ON movies.id = casting.movie_id
 WHERE movies.id = 1;
```

```
+----------------------------+-----------+
| title                      | actor_id  |
+----------------------------+-----------+
| The Shawshank Redemption   | 2944      |
+----------------------------+-----------+
| The Shawshank Redemption   | 2192      |
+----------------------------+-----------+
| The Shawshank Redemption   | 330       |
+----------------------------+-----------+
| The Shawshank Redemption   | 3134      |
+----------------------------+-----------+
| The Shawshank Redemption   | 552       |
+----------------------------+-----------+
| The Shawshank Redemption   | 1086      |
+----------------------------+-----------+
| The Shawshank Redemption   | 2017      |
+----------------------------+-----------+
| The Shawshank Redemption   | 1384      |
+----------------------------+-----------+
| The Shawshank Redemption   | 1444      |
+----------------------------+-----------+
| The Shawshank Redemption   | 1813      |
+----------------------------+-----------+
| The Shawshank Redemption   | 2240      |
+----------------------------+-----------+
| The Shawshank Redemption   | 364       |
+----------------------------+-----------+
| The Shawshank Redemption   | 683       |
+----------------------------+-----------+
| The Shawshank Redemption   | 1628      |
+----------------------------+-----------+
| The Shawshank Redemption   | 1651      |
```

```
+----------------------------+----------+
15 rows in set (0.00 sec)
```

同理，連接一位演員與卡司時資料列數也會發生一對多的情況。

```
SELECT actors.name,
       casting.movie_id
  FROM actors
  JOIN casting
    ON actors.id = casting.actor_id
 WHERE actors.name = 'Tom Hanks';
```

```
+-----------+----------+
| name      | movie_id |
+-----------+----------+
| Tom Hanks | 11       |
+-----------+----------+
| Tom Hanks | 24       |
+-----------+----------+
| Tom Hanks | 26       |
+-----------+----------+
| Tom Hanks | 75       |
+-----------+----------+
| Tom Hanks | 84       |
+-----------+----------+
| Tom Hanks | 177      |
+-----------+----------+
6 rows in set (0.00 sec)
```

養成為在欄位名稱前註明清楚資料表名稱的習慣 table.columns，如此一來可以提升可讀性、同時也避免模糊錯誤的發生，舉例來說，在 movies 與 actors 兩個資料表中都有欄位 id，movies.id 指的是電影編號、actors.id 指的是演員編號。如果沒有註明資料表名稱，會發生錯誤。

```
SELECT title
  FROM movies
  JOIN casting
    ON id = movie_id
  JOIN actors
    ON actor_id = id
 WHERE name = 'Tom Hanks';
```

Error while executing SQL query on database 'imdb': ambiguous column
name: id

除了資料表也能夠使用子查詢作為合併資料來源，舉例來說，我們可以
水平合併僅有 Tom Hanks 的 actors 資料表，這時記得給予子查詢的結果
一個別名，當作是資料表一般（實際上不是）。

```
SELECT *
  FROM casting
  JOIN
      (
        SELECT *
          FROM actors
         WHERE name = 'Tom Hanks'
      )
      AS actor_tom_hanks
    ON casting.actor_id = actor_tom_hanks.id;
```

movie_id	actor_id	ord	id	name
11	2957	1	2957	Tom Hanks
24	2957	1	2957	Tom Hanks
26	2957	1	2957	Tom Hanks
75	2957	1	2957	Tom Hanks
84	2957	1	2957	Tom Hanks

11-19

```
+----------+----------+-----+------+----------+
| 177      | 2957     | 2   | 2957 | Tom Hanks |
+----------+----------+-----+------+----------+
6 rows in set (0.00 sec)
```

JOIN 是會保留左表格與右表格交集的觀測值，也就是所謂的內連接
（Inner join）。舉例來說，如果我們利用子查詢設計左表格為阿甘正傳
與搶救雷恩大兵的電影資料；設計右表格為阿甘正傳與神鬼交鋒的演員
卡司。

```
SELECT *
  FROM movies
 WHERE title IN ('Forrest Gump', 'Saving Private Ryan'); -- AS
left_table
```

```
+----+--------------------+--------------+--------+-------------------+---------+
| id | title              | release_year | rating | director          | runtime |
+----+--------------------+--------------+--------+-------------------+---------+
| 11 | Forrest Gump       | 1994         | 8.8    | Robert Zemeckis   | 142     |
+----+--------------------+--------------+--------+-------------------+---------+
| 24 | Saving Private Ryan | 1998        | 8.6    | Steven Spielberg  | 169     |
+----+--------------------+--------------+--------+-------------------+---------+
2 rows in set (0.00 sec)
```

```
SELECT *
  FROM casting
 WHERE movie_id IN (11, 175); -- AS right_table
```

```
+----------+----------+-----+
| movie_id | actor_id | ord |
+----------+----------+-----+
| 11       | 2957     | 1   |
+----------+----------+-----+
| 11       | 2481     | 2   |
+----------+----------+-----+
| 11       | 2668     | 3   |
+----------+----------+-----+
| 11       | 2112     | 4   |
+----------+----------+-----+
```

```
| 11        | 1176      | 5    |
+---------+---------+-----+
| 11        | 1051      | 6    |
+---------+---------+-----+
| 11        | 334       | 7    |
+---------+---------+-----+
| 11        | 1579      | 8    |
+---------+---------+-----+
| 11        | 2674      | 9    |
+---------+---------+-----+
| 11        | 1986      | 10   |
+---------+---------+-----+
| 11        | 1285      | 11   |
+---------+---------+-----+
| 11        | 527       | 12   |
+---------+---------+-----+
| 11        | 1590      | 13   |
+---------+---------+-----+
| 11        | 2390      | 14   |
+---------+---------+-----+
| 11        | 2785      | 15   |
+---------+---------+-----+
| 175       | 460       | 1    |
+---------+---------+-----+
| 175       | 1940      | 2    |
+---------+---------+-----+
| 175       | 2963      | 3    |
+---------+---------+-----+
| 175       | 1224      | 4    |
+---------+---------+-----+
| 175       | 1960      | 5    |
+---------+---------+-----+
| 175       | 1068      | 6    |
+---------+---------+-----+
| 175       | 1304      | 7    |
+---------+---------+-----+
| 175       | 955       | 8    |
+---------+---------+-----+
| 175       | 1856      | 9    |
```

```
+----------+----------+-----+
| 175      | 1879     | 10  |
+----------+----------+-----+
| 175      | 2673     | 11  |
+----------+----------+-----+
| 175      | 556      | 12  |
+----------+----------+-----+
| 175      | 1184     | 13  |
+----------+----------+-----+
| 175      | 54       | 14  |
+----------+----------+-----+
| 175      | 2026     | 15  |
+----------+----------+-----+
30 rows in set (0.00 sec)
```

將左表格（阿甘正傳與搶救雷恩大兵的電影資料）與右表格（阿甘正傳
與神鬼交鋒的演員卡司）水平合併，結果會是左表格與右表格**交集**的觀
測值，也就是阿甘正傳的電影資料、演員卡司，而搶救雷恩大兵的電影
資料與神鬼交鋒的演員卡司都不會出現在查詢結果中。

```
SELECT *
  FROM (
          SELECT *
            FROM movies
           WHERE title IN ('Forrest Gump', 'Saving Private Ryan')
       )
       AS left_table
  JOIN
       (
          SELECT *
            FROM casting
           WHERE movie_id IN (11, 175)
       )
       AS right_table
    ON left_table.id = right_table.movie_id;
```

	id	title	releas	ratinç	director	runtir	ResC	movi	actor_	ord	ResC
1	11	Forrest Gump	1994	8.8	Robert Zemeckis	142	11	11	2957	1	151
2	11	Forrest Gump	1994	8.8	Robert Zemeckis	142	11	11	2481	2	152
3	11	Forrest Gump	1994	8.8	Robert Zemeckis	142	11	11	2668	3	153
4	11	Forrest Gump	1994	8.8	Robert Zemeckis	142	11	11	2112	4	154
5	11	Forrest Gump	1994	8.8	Robert Zemeckis	142	11	11	1176	5	155
6	11	Forrest Gump	1994	8.8	Robert Zemeckis	142	11	11	1051	6	156
7	11	Forrest Gump	1994	8.8	Robert Zemeckis	142	11	11	334	7	157
8	11	Forrest Gump	1994	8.8	Robert Zemeckis	142	11	11	1579	8	158
9	11	Forrest Gump	1994	8.8	Robert Zemeckis	142	11	11	2674	9	159
10	11	Forrest Gump	1994	8.8	Robert Zemeckis	142	11	11	1986	10	160
11	11	Forrest Gump	1994	8.8	Robert Zemeckis	142	11	11	1285	11	161
12	11	Forrest Gump	1994	8.8	Robert Zemeckis	142	11	11	527	12	162
13	11	Forrest Gump	1994	8.8	Robert Zemeckis	142	11	11	1590	13	163
14	11	Forrest Gump	1994	8.8	Robert Zemeckis	142	11	11	2390	14	164
15	11	Forrest Gump	1994	8.8	Robert Zemeckis	142	11	11	2785	15	165

註：此處輸出結果過寬，於書中呈現的效果不佳，故改以圖片方式呈現輸出結果供讀者參照。

與內連接（Inner join）對應的是外連接（Outer join），改使用 LEFT JOIN 可以變為保留左表格（主要表格）的觀測值。也就是阿甘正傳與搶救雷恩大兵的電影資料、阿甘正傳的演員卡司，搶救雷恩大兵因為沒有演員卡司可以連接，所以得到空值 NULL。

```
SELECT *
  FROM (
        SELECT *
          FROM movies
         WHERE title IN ('Forrest Gump', 'Saving Private Ryan')
       )
      AS left_table
  LEFT JOIN
       (
        SELECT *
          FROM casting
         WHERE movie_id IN (11, 175)
       )
      AS right_table
    ON left_table.id = right_table.movie_id;
```

	id	title	release_year	rating	director	runtime	ResCol_0	movie_id	actor_id	ord	ResCol_1
1	11	Forrest Gump	1994	8.8	Robert Zemeckis	142	11	11	334	7	157
2	11	Forrest Gump	1994	8.8	Robert Zemeckis	142	11	11	527	12	162
3	11	Forrest Gump	1994	8.8	Robert Zemeckis	142	11	11	1051	6	156
4	11	Forrest Gump	1994	8.8	Robert Zemeckis	142	11	11	1176	5	155
5	11	Forrest Gump	1994	8.8	Robert Zemeckis	142	11	11	1285	11	161
6	11	Forrest Gump	1994	8.8	Robert Zemeckis	142	11	11	1579	8	158
7	11	Forrest Gump	1994	8.8	Robert Zemeckis	142	11	11	1590	13	163
8	11	Forrest Gump	1994	8.8	Robert Zemeckis	142	11	11	1986	10	160
9	11	Forrest Gump	1994	8.8	Robert Zemeckis	142	11	11	2112	4	154
10	11	Forrest Gump	1994	8.8	Robert Zemeckis	142	11	11	2390	14	164
11	11	Forrest Gump	1994	8.8	Robert Zemeckis	142	11	11	2481	2	152
12	11	Forrest Gump	1994	8.8	Robert Zemeckis	142	11	11	2668	3	153
13	11	Forrest Gump	1994	8.8	Robert Zemeckis	142	11	11	2674	9	159
14	11	Forrest Gump	1994	8.8	Robert Zemeckis	142	11	11	2785	15	165
15	11	Forrest Gump	1994	8.8	Robert Zemeckis	142	11	11	2957	1	151
16	24	Saving Private Ryan	1998	8.6	Steven Spielberg	169	24	NULL	NULL	NULL	NULL

註：此處輸出結果過寬，於書中呈現的效果不佳，故改以圖片方式呈現輸出結果
供讀者參照。

雖然 SQLite 關聯式資料庫管理系統並沒有 RIGHT JOIN 可以直接使用來變
為保留右表格（次要表格）的觀測值，但因為左、右是相對的，其實可
以沿用 LEFT JOIN 但是把左表格與右表格互換，藉此達到預期的效果。
也就是阿甘正傳與神鬼交鋒的演員卡司、阿甘正傳的電影資料，神鬼交
鋒因為沒有電影資料可以連接，所以得到空值 NULL。

```
SELECT *
  FROM (
          SELECT *
            FROM casting
           WHERE movie_id IN (11, 175)
       )
       AS left_table
  LEFT JOIN
       (
          SELECT *
            FROM movies
           WHERE title IN ('Forrest Gump', 'Saving Private Ryan')
       )
       AS right_table
    ON left_table.movie_id = right_table.id;
```

	movie_id	actor_id	ord	ResCol_0	id	title	release_year	rating	director	runtime	ResCol_1
1	11	2957	1	151	11	Forrest Gump	1994	8.8	Robert Zemeckis	142	11
2	11	2481	2	152	11	Forrest Gump	1994	8.8	Robert Zemeckis	142	11
3	11	2668	3	153	11	Forrest Gump	1994	8.8	Robert Zemeckis	142	11
4	11	2112	4	154	11	Forrest Gump	1994	8.8	Robert Zemeckis	142	11
5	11	1176	5	155	11	Forrest Gump	1994	8.8	Robert Zemeckis	142	11
6	11	1051	6	156	11	Forrest Gump	1994	8.8	Robert Zemeckis	142	11
7	11	334	7	157	11	Forrest Gump	1994	8.8	Robert Zemeckis	142	11
8	11	1579	8	158	11	Forrest Gump	1994	8.8	Robert Zemeckis	142	11
9	11	2674	9	159	11	Forrest Gump	1994	8.8	Robert Zemeckis	142	11
10	11	1986	10	160	11	Forrest Gump	1994	8.8	Robert Zemeckis	142	11
11	11	1285	11	161	11	Forrest Gump	1994	8.8	Robert Zemeckis	142	11
12	11	527	12	162	11	Forrest Gump	1994	8.8	Robert Zemeckis	142	11
13	11	1590	13	163	11	Forrest Gump	1994	8.8	Robert Zemeckis	142	11
14	11	2390	14	164	11	Forrest Gump	1994	8.8	Robert Zemeckis	142	11
15	11	2785	15	165	11	Forrest Gump	1994	8.8	Robert Zemeckis	142	11
16	175	460	1	2595	NULL	NULL	NULL	NULL	NULL	NULL	NULL
17	175	1940	2	2596	NULL	NULL	NULL	NULL	NULL	NULL	NULL
18	175	2963	3	2597	NULL	NULL	NULL	NULL	NULL	NULL	NULL
19	175	1224	4	2598	NULL	NULL	NULL	NULL	NULL	NULL	NULL
20	175	1960	5	2599	NULL	NULL	NULL	NULL	NULL	NULL	NULL
21	175	1068	6	2600	NULL	NULL	NULL	NULL	NULL	NULL	NULL
22	175	1304	7	2601	NULL	NULL	NULL	NULL	NULL	NULL	NULL
23	175	955	8	2602	NULL	NULL	NULL	NULL	NULL	NULL	NULL
24	175	1856	9	2603	NULL	NULL	NULL	NULL	NULL	NULL	NULL
25	175	1879	10	2604	NULL	NULL	NULL	NULL	NULL	NULL	NULL
26	175	2673	11	2605	NULL	NULL	NULL	NULL	NULL	NULL	NULL
27	175	556	12	2606	NULL	NULL	NULL	NULL	NULL	NULL	NULL
28	175	1184	13	2607	NULL	NULL	NULL	NULL	NULL	NULL	NULL
29	175	54	14	2608	NULL	NULL	NULL	NULL	NULL	NULL	NULL
30	175	2026	15	2609	NULL	NULL	NULL	NULL	NULL	NULL	NULL

註：此處輸出結果過寬，於書中呈現的效果不佳，故改以圖片方式呈現輸出結果
　　供讀者參照。

同理，雖然 SQLite 關聯式資料庫管理系統並沒有 FULL JOIN 可以直接使用來變為保留左、右表格（主、次要表格）的觀測值，但我們可以把前述兩個 LEFT JOIN 的結果透過 UNION 垂直合併，藉此達到預期的效果。也就是阿甘正傳的電影資料與演員卡司、搶救雷恩大兵的電影資料、神鬼交鋒的演員卡司，神鬼交鋒因為沒有電影資料可以連接、搶救雷恩大兵因為沒有演員卡司可以連接，所以都得到空值 NULL。

```
SELECT left_table.id,
       left_table.title,
       right_table.actor_id
  FROM (
           SELECT *
             FROM movies
            WHERE title IN ('Forrest Gump', 'Saving Private Ryan')
       )
       AS left_table
  LEFT JOIN
       (
           SELECT *
             FROM casting
            WHERE movie_id IN (11, 175)
       )
       AS right_table
    ON left_table.id = right_table.movie_id
 UNION
SELECT right_table.id,
       right_table.title,
       left_table.actor_id
  FROM (
           SELECT *
             FROM casting
            WHERE movie_id IN (11, 175)
       )
       AS left_table
  LEFT JOIN
       (
           SELECT *
             FROM movies
            WHERE title IN ('Forrest Gump', 'Saving Private Ryan')
       )
       AS right_table
    ON left_table.movie_id = right_table.id
```

```
+------+--------------------+----------+
| id   | title              | actor_id |
+------+--------------------+----------+
| NULL | NULL               | 54       |
+------+--------------------+----------+
| NULL | NULL               | 460      |
+------+--------------------+----------+
| NULL | NULL               | 556      |
+------+--------------------+----------+
| NULL | NULL               | 955      |
+------+--------------------+----------+
| NULL | NULL               | 1068     |
+------+--------------------+----------+
| NULL | NULL               | 1184     |
+------+--------------------+----------+
| NULL | NULL               | 1224     |
+------+--------------------+----------+
| NULL | NULL               | 1304     |
+------+--------------------+----------+
| NULL | NULL               | 1856     |
+------+--------------------+----------+
| NULL | NULL               | 1879     |
+------+--------------------+----------+
| NULL | NULL               | 1940     |
+------+--------------------+----------+
| NULL | NULL               | 1960     |
+------+--------------------+----------+
| NULL | NULL               | 2026     |
+------+--------------------+----------+
| NULL | NULL               | 2673     |
+------+--------------------+----------+
| NULL | NULL               | 2963     |
+------+--------------------+----------+
| 11   | Forrest Gump       | 334      |
+------+--------------------+----------+
| 11   | Forrest Gump       | 527      |
+------+--------------------+----------+
| 11   | Forrest Gump       | 1051     |
```

```
+------+--------------------+----------+
| 11   | Forrest Gump       | 1176     |
+------+--------------------+----------+
| 11   | Forrest Gump       | 1285     |
+------+--------------------+----------+
| 11   | Forrest Gump       | 1579     |
+------+--------------------+----------+
| 11   | Forrest Gump       | 1590     |
+------+--------------------+----------+
| 11   | Forrest Gump       | 1986     |
+------+--------------------+----------+
| 11   | Forrest Gump       | 2112     |
+------+--------------------+----------+
| 11   | Forrest Gump       | 2390     |
+------+--------------------+----------+
| 11   | Forrest Gump       | 2481     |
+------+--------------------+----------+
| 11   | Forrest Gump       | 2668     |
+------+--------------------+----------+
| 11   | Forrest Gump       | 2674     |
+------+--------------------+----------+
| 11   | Forrest Gump       | 2785     |
+------+--------------------+----------+
| 11   | Forrest Gump       | 2957     |
+------+--------------------+----------+
| 24   | Saving Private Ryan | NULL    |
+------+--------------------+----------+
31 rows in set (0.01 sec)
```

重點統整

◉ 所謂的關聯，具體來說就是讓資料從兩個維度合併：

- 垂直合併：以 UNION 從垂直的方向關聯資料的列（觀測值）。

- 水平合併：以 JOIN 從水平的方向關聯資料的欄（變數）。

◉ 這個章節學起來的 SQL 保留字：

- UNION

- UNION ALL

- JOIN

- LEFT JOIN

- ON

◉ 將截至目前所學的 SQL 保留字集中在一個敘述中，寫作順序必須遵從標準 SQL 的規定。

```sql
SELECT DISTINCT columns AS alias,
       CASE WHEN condition_1 THEN result_1
            WHEN condition_2 THEN result_2
            ...
            ELSE result_n END AS alias
  FROM left_table
  JOIN | LEFT JOIN right_table
    ON left_table.join_key = right_table.join_key
 WHERE conditions
 GROUP BY columns
HAVING conditions
 UNION | UNION ALL
Another SQL statement
 ORDER BY columns DESC
 LIMIT m;
```

練習題會涵蓋四個學習資料庫，記得要依據題目的需求，調整編輯器選單的學習資料庫，在自己電腦的 SQLiteStudio 寫出跟預期輸出相同的 SQL 敘述，寫作過程如果卡關了，可以參考附錄 A「練習題參考解答」。

35 從 **covid19** 資料庫查詢截至 2022-05-31 全球前十大確診人數的國家，參考下列的預期查詢結果。

註：本題不需考慮 **daily_report** 內的 **Last_Update** 時間戳記，**daily_report** 的數據有效期間就是 2022-05-31。

預期輸出 (10, 2) 的查詢結果。

```
+----------------+-----------------+
| Country_Region | total_confirmed |
+----------------+-----------------+
| US             | 84227620        |
+----------------+-----------------+
| India          | 43160832        |
+----------------+-----------------+
| Brazil         | 31019038        |
+----------------+-----------------+
| France         | 29711870        |
+----------------+-----------------+
| Germany        | 26360953        |
+----------------+-----------------+
| United Kingdom | 22486997        |
+----------------+-----------------+
| Korea, South   | 18119415        |
+----------------+-----------------+
| Russia         | 18063880        |
+----------------+-----------------+
| Italy          | 17421410        |
+----------------+-----------------+
| Turkey         | 15072747        |
+----------------+-----------------+
10 rows in set (0.04 sec)
```

36 從 **twElection2020** 資料庫查詢中國國民黨、民主進步黨與親民黨在不分區立委與區域立委的得票率,參考下列的預期查詢結果。

註:不分區立委的投票資料記錄於資料表 **legislative_at_large**,區域立委的投票資料記錄於資料表 **legislative_regional**。

預期輸出 (6, 3) 的查詢結果。

```
+------------------+------------------+------------------+
| party            | election         | votes_percentage |
+------------------+------------------+------------------+
| 中國國民黨       | 不分區立委       | 0.3336           |
+------------------+------------------+------------------+
| 民主進步黨       | 不分區立委       | 0.3398           |
+------------------+------------------+------------------+
| 親民黨           | 不分區立委       | 0.0366           |
+------------------+------------------+------------------+
| 中國國民黨       | 區域立委         | 0.4071           |
+------------------+------------------+------------------+
| 民主進步黨       | 區域立委         | 0.4511           |
+------------------+------------------+------------------+
| 親民黨           | 區域立委         | 0.0043           |
+------------------+------------------+------------------+
6 rows in set (0.53 sec)
```

37 從 **nba** 資料庫查詢洛杉磯湖人隊(Los Angeles Lakers)球員的生涯場均得分 **ppg**,參考下列的預期查詢結果。

預期輸出 (17, 3) 的查詢結果。

```
+-------------------+---------------------+------+
| team_name         | player_name         | ppg  |
+-------------------+---------------------+------+
| Los Angeles Lakers | LeBron James        | 27.1 |
+-------------------+---------------------+------+
| Los Angeles Lakers | Anthony Davis       | 23.8 |
+-------------------+---------------------+------+
| Los Angeles Lakers | Russell Westbrook   | 22.8 |
+-------------------+---------------------+------+
```

```
| Los Angeles Lakers | Carmelo Anthony    | 22.5 |
+--------------------+--------------------+------+
| Los Angeles Lakers | Dwight Howard      | 15.7 |
+--------------------+--------------------+------+
| Los Angeles Lakers | Kendrick Nunn      | 15   |
+--------------------+--------------------+------+
| Los Angeles Lakers | Avery Bradley      | 11   |
+--------------------+--------------------+------+
| Los Angeles Lakers | Malik Monk         | 10.3 |
+--------------------+--------------------+------+
| Los Angeles Lakers | D.J. Augustin      | 9.5  |
+--------------------+--------------------+------+
| Los Angeles Lakers | Talen Horton-Tucker | 9.3  |
+--------------------+--------------------+------+
| Los Angeles Lakers | Kent Bazemore      | 8.2  |
+--------------------+--------------------+------+
| Los Angeles Lakers | Wayne Ellington    | 8    |
+--------------------+--------------------+------+
| Los Angeles Lakers | Austin Reaves      | 7.3  |
+--------------------+--------------------+------+
| Los Angeles Lakers | Stanley Johnson    | 6.3  |
+--------------------+--------------------+------+
| Los Angeles Lakers | Mason Jones        | 5.4  |
+--------------------+--------------------+------+
| Los Angeles Lakers | Mac McClung        | 4    |
+--------------------+--------------------+------+
| Los Angeles Lakers | Wenyen Gabriel     | 3.6  |
+--------------------+--------------------+------+
17 rows in set (0.00 sec)
```

38 從 nba 資料庫查詢各個球隊的得分王（生涯場均得分 ppg 全隊最高）是誰，將查詢結果依隊伍名排序，參考下列的預期查詢結果。

預期輸出　(30, 3) 的查詢結果。

第 11 章

垂直與水平合併資料

team	player	ppg
Atlanta Hawks	Trae Young	25.3
Boston Celtics	Jayson Tatum	20.9
Brooklyn Nets	Kevin Durant	27.2
Charlotte Hornets	LaMelo Ball	18.3
Chicago Bulls	DeMar DeRozan	20.8
Cleveland Cavaliers	Collin Sexton	20.0
Dallas Mavericks	Luka Doncic	26.4
Denver Nuggets	Nikola Jokic	19.7
Detroit Pistons	Cade Cunningham	17.4
Golden State Warriors	Stephen Curry	24.3
Houston Rockets	John Wall	19.1
Indiana Pacers	Buddy Hield	15.9
LA Clippers	Paul George	20.4
Los Angeles Lakers	LeBron James	27.1
Memphis Grizzlies	Ja Morant	21.2

| Miami Heat | Jimmy Butler | 17.7 |
+-----------------------+-------------------------+------+
| Milwaukee Bucks | Giannis Antetokounmpo | 21.8 |
+-----------------------+-------------------------+------+
| Minnesota Timberwolves | Karl-Anthony Towns | 23.2 |
+-----------------------+-------------------------+------+
| New Orleans Pelicans | Zion Williamson | 25.7 |
+-----------------------+-------------------------+------+
| New York Knicks | Kemba Walker | 19.5 |
+-----------------------+-------------------------+------+
| Oklahoma City Thunder | Shai Gilgeous-Alexander | 18.2 |
+-----------------------+-------------------------+------+
| Orlando Magic | Franz Wagner | 15.2 |
+-----------------------+-------------------------+------+
| Philadelphia 76ers | Joel Embiid | 26.0 |
+-----------------------+-------------------------+------+
| Phoenix Suns | Devin Booker | 23.5 |
+-----------------------+-------------------------+------+
| Portland Trail Blazers | Damian Lillard | 24.6 |
+-----------------------+-------------------------+------+
| Sacramento Kings | De'Aaron Fox | 19.1 |
+-----------------------+-------------------------+------+
| San Antonio Spurs | Keldon Johnson | 14.4 |
+-----------------------+-------------------------+------+
| Toronto Raptors | Pascal Siakam | 15.7 |
+-----------------------+-------------------------+------+
| Utah Jazz | Donovan Mitchell | 23.9 |
+-----------------------+-------------------------+------+
| Washington Wizards | Bradley Beal | 22.1 |
+-----------------------+-------------------------+------+
30 rows in set (0.00 sec)

39 從 **imdb** 資料庫中查詢 Tom Hanks 與 Leonardo DiCaprio 在 IMDb.com 最高評價的 250 部電影中演出哪些電影,依據 **casting** 資料表中的 **ord** 衍生計算欄位 **is_lead_actor** 註記是否為第一主角(**ord** 若為 1 表示為第一主角),將查詢結果依 **release_year** 排序,參考下列的預期查詢結果。

預期輸出 (12, 4) 的查詢結果。

```
+--------------+-----------------------+--------------------+---------------+
| release_year | title                 | name               | is_lead_actor |
+--------------+-----------------------+--------------------+---------------+
| 1994         | Forrest Gump          | Tom Hanks          | 1             |
+--------------+-----------------------+--------------------+---------------+
| 1995         | Toy Story             | Tom Hanks          | 1             |
+--------------+-----------------------+--------------------+---------------+
| 1998         | Saving Private Ryan   | Tom Hanks          | 1             |
+--------------+-----------------------+--------------------+---------------+
| 1999         | The Green Mile        | Tom Hanks          | 1             |
+--------------+-----------------------+--------------------+---------------+
| 2002         | Catch Me If You Can   | Leonardo DiCaprio  | 1             |
+--------------+-----------------------+--------------------+---------------+
| 2002         | Catch Me If You Can   | Tom Hanks          | 0             |
+--------------+-----------------------+--------------------+---------------+
| 2006         | The Departed          | Leonardo DiCaprio  | 1             |
+--------------+-----------------------+--------------------+---------------+
| 2010         | Inception             | Leonardo DiCaprio  | 1             |
+--------------+-----------------------+--------------------+---------------+
| 2010         | Toy Story 3           | Tom Hanks          | 1             |
+--------------+-----------------------+--------------------+---------------+
| 2010         | Shutter Island        | Leonardo DiCaprio  | 1             |
+--------------+-----------------------+--------------------+---------------+
| 2012         | Django Unchained      | Leonardo DiCaprio  | 0             |
+--------------+-----------------------+--------------------+---------------+
| 2013         | The Wolf of Wall Street| Leonardo DiCaprio | 1             |
+--------------+-----------------------+--------------------+---------------+
12 rows in set (0.02 sec)
```

12

資料定義語言與
資料操作語言

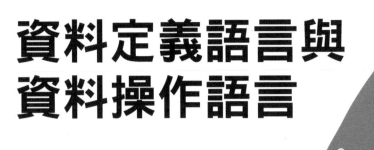

讀者如果是資料科學的初學者,可以略過下述的程式碼;讀者如果不是
資料科學的初學者,欲使用 JupyterLab 執行本章節內容,必須先執行下
述程式碼載入所需模組與連接資料庫。

```
%LOAD sqlite3 db=../databases/imdb.db timeout=2 shared_cache=true
ATTACH "../databases/nba.db" AS nba;
ATTACH "../databases/twElection2020.db" AS twElection2020;
ATTACH "../databases/covid19.db" AS covid19;
```

12.1 複習一下

在第一章「簡介」我們試圖用一句話解釋 SQL:

> SQL 是 Structured Query Language 的縮寫,是一個專門針對
> 關聯式資料庫中所儲存的資料進行查詢、定義、操作與控制
> 的語言。

SQL 在 1970 年代由國際商業機器公司（IBM）創造，剛開發出來時候僅只是為了更有效率地「查詢」儲存於關聯式資料庫中的資料，但是到了現代，除了查詢以外像是資料的建立、更新與刪除，也都能靠著 SQL 來完成。具體來說，SQL 是由保留字（Keyword）、符號、常數與函數所組合而成的一種語言，按照使用目的可以再細分為資料查詢語言（Data Query Language, DQL）、資料定義語言（Data Definition Language, DDL）、資料操作語言（Data Manipulation Language, DML）、資料控制語言（Data Control Language, DCL）以及交易控制語言（Transaction Control Language, TCL）。

SQL 的分類	範例
資料查詢語言（Data Query Language, DQL）	SELECT ...
資料定義語言（Data Definition Language, DDL）	CREATE ...
資料操作語言（Data Manipulation Language, DML）	UPDATE ...
資料控制語言（Data Control Language, DCL）	GRANT ...
交易控制語言（Transaction Control Language, TCL）	COMMIT

SQL 是一個能夠與關聯式資料庫互動的專用語言，常見的互動有四個：包含創造（Create）、查詢（Read）、更新（Update）與刪除（Delete），這四個動作又在業界與社群被簡稱為 CRUD，其中查詢對應了本書第三章「簡介」到第十一章「垂直與水平合併資料」所介紹的資料查詢語言，本章會用點到為止的篇幅介紹與「創造」、「刪除」對應的資料定義語言以及與「更新」對應的資料操作語言部分。

12.2 資料定義語言

資料定義語言（Data Definition Language, DDL）最主要的保留字是 CREATE 與 DROP，這意味著我們可以在資料庫創造與刪除物件。那麼有哪些物件可以被創造與刪除呢？它們分別是檢視表（Views）與資料表（Tables）。

檢視表（Views）相較於第十章「子查詢」所介紹的子查詢，差別在於子查詢的結果是用過即捨棄的，若希望重新取得子查詢結果，必須將該段 SQL 敘述以純文字檔案（可用 .sql 為副檔名儲存）保存起來；檢視表則可以直接將 SQL 敘述儲存在資料庫中，並且給予一個檢視表命名，想要檢視該段 SQL 敘述的查詢結果時，只需要將檢視表命名放在 FROM 保留字之後即可。因此，對於純粹只需要向資料庫寫作資料查詢語言的初級資料分析師來說，檢視表可以視為等同於資料表的存在，但實際上檢視表儲存的內容並不是列（Rows）與欄（Columns）所組成的二維表格，而是一段 SQL 敘述，只有在對檢視表寫作資料查詢語言時，才會執行被儲存的 SQL 敘述。簡單來說，檢視表是一種介於「子查詢」與「建立資料表」之間的功能，就像是資料表版本的「衍生計算欄位」，由於多數「非資料庫管理員」的資料分析師在公司中沒有建立資料表的權限，因此若是有建立檢視表的權限將可以滿足我們對資料表的創造需求。

```
SELECT *
  FROM view;
```

12.2.1 建立與刪除檢視表

使用 CREATE VIEW 建立檢視表並給予檢視表命名，然後再加入希望檢視表被查詢時所執行的 SQL 敘述。

```
CREATE VIEW view
    AS
  SQL Statement;
```

舉例來說,我們想知道不同年份 release_year 上映的電影平均評等有哪些年份是大於等於 8.5 的?在第九章「分組與聚合結果篩選」我們提過針對分組聚合的結果應用 WHERE 是不被允許的,應該要改使用分組聚合版本的 HAVING 保留字加上帶有聚合函數的條件。

```
SELECT release_year,
       AVG(rating) AS avg_rating
  FROM movies
 GROUP BY release_year
HAVING AVG(rating) >= 8.5;
```

```
+--------------+------------+
| release_year | avg_rating |
+--------------+------------+
| 1936         | 8.5        |
+--------------+------------+
| 1972         | 9.2        |
+--------------+------------+
| 1974         | 8.6        |
+--------------+------------+
| 1977         | 8.6        |
+--------------+------------+
| 1994         | 8.8        |
+--------------+------------+
| 1999         | 8.54       |
+--------------+------------+
| 2002         | 8.5        |
+--------------+------------+
| 2008         | 8.5        |
+--------------+------------+
8 rows in set (0.00 sec)
```

在第十章「子查詢」我們提過除了前述改使用分組聚合版本的 HAVING 保留字加上帶有聚合函數的條件以外，也能透過子查詢來完成。

```
SELECT *
  FROM (
          SELECT release_year,
                 AVG(rating) AS avg_rating
            FROM movies
          GROUP BY release_year
       )
       AS avg_rating_by_release_year
 WHERE avg_rating >= 8.5;
```

```
+--------------+------------+
| release_year | avg_rating |
+--------------+------------+
| 1936         | 8.5        |
+--------------+------------+
| 1972         | 9.2        |
+--------------+------------+
| 1974         | 8.6        |
+--------------+------------+
| 1977         | 8.6        |
+--------------+------------+
| 1994         | 8.8        |
+--------------+------------+
| 1999         | 8.54       |
+--------------+------------+
| 2002         | 8.5        |
+--------------+------------+
| 2008         | 8.5        |
+--------------+------------+
8 rows in set (0.00 sec)
```

前述透過子查詢所建立出來，像資料表一般的 avg_rating_by_release_year 也能創造為檢視表，與子查詢的差異在於，建立為檢視表之後是可以確

實在 SQLiteStudio 的資料庫清單中看到，而非像子查詢使用後即被捨
棄。

```
CREATE VIEW avg_rating_by_release_year
     AS
SELECT release_year,
       AVG(rating) AS avg_rating
  FROM movies
 GROUP BY release_year;
```

回到問題「我們想知道不同年份 release_year 上映的電影平均評等有哪
些年份是大於等於 8.5 的？」就可以寫出以下的 SQL 敘述得到這個問題
的答案。

```
SELECT *
  FROM avg_rating_by_release_year
 WHERE avg_rating >= 8.5;
```

```
+--------------+------------+
| release_year | avg_rating |
+--------------+------------+
| 1936         | 8.5        |
+--------------+------------+
| 1972         | 9.2        |
+--------------+------------+
| 1974         | 8.6        |
+--------------+------------+
| 1977         | 8.6        |
+--------------+------------+
```

```
| 1994          | 8.8        |
+---------------+------------+
| 1999          | 8.54       |
+---------------+------------+
| 2002          | 8.5        |
+---------------+------------+
| 2008          | 8.5        |
+---------------+------------+
8 rows in set (0.00 sec)
```

使用 DROP VIEW 刪除檢視表，指定欲刪除的檢視表命名即可。

```
DROP VIEW view;
```

```
DROP VIEW avg_rating_by_release_year;
```

成功刪除檢視表之後，在 SQLiteStudio 的資料庫清單中就能夠看到檢視表已經不存在。

刪除檢視表以後，就無法在 FROM 保留字之後指定檢視表查詢。

```
SELECT *
  FROM avg_rating_by_release_year
 WHERE avg_rating >= 8.5;
```

```
Error while executing SQL query on database 'imdb': no such table:
avg_rating_by_release_year
```

12.2.2 建立與刪除資料表

資料表是以列（Rows）與欄（Columns）所組成的二維表格，有時列也有其他別名，像是紀錄（Records）、觀測值（Observations）、元組（Tuples）等；欄的其他別名則有欄位（Fields）、變數（Variables）、屬性（Attributes）等。

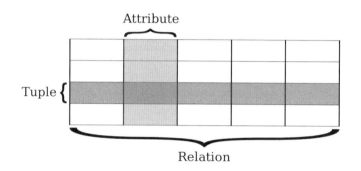

來源：https://en.wikipedia.org/wiki/Relational_database

不同於檢視表，資料表確實將資料儲存於二維表格中，我們有兩種方式可以建立資料表：基於 SQL 敘述從既有資料查詢衍生為資料表或者從零至一，從零至一建立資料表除了會用到資料定義語言，也會使用資料操作語言，因此可以在後面的小節一起示範，我們先採用基於 SQL 敘述從既有資料查詢衍生為資料表。使用 CREATE TABLE 建立資料表並給予資料表命名，然後再加入能夠生成表中資料的 SQL 敘述。

```
CREATE TABLE table
    AS
    SQL Statement;
```

舉例來說，前面小節所建立的檢視表，也能夠以資料表的形式創造。這裡要提醒讀者，多數「非資料庫管理員」的資料分析師在公司中沒有建立資料表的權限，在自己電腦的 SQLiteStudio 學習環境中操作才能確保順利進行。

```
CREATE TABLE avg_rating_by_release_year
    AS
SELECT release_year,
       AVG(rating) AS avg_rating
  FROM movies
 GROUP BY release_year;
```

建立為資料表的 `avg_rating_by_release_year` 同樣可以確實在 SQLiteStudio
的資料庫清單中看到。

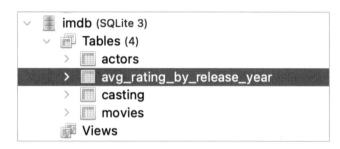

在回答問題「我們想知道不同年份 release_year 上映的電影平均評等有
哪些年份是大於等於 8.5 的？」就可以如同建立完檢視表後寫出以下的
SQL 敘述得到這個問題的答案。

```
SELECT *
  FROM avg_rating_by_release_year
 WHERE avg_rating >= 8.5;
```

```
+--------------+------------+
| release_year | avg_rating |
+--------------+------------+
| 1936         | 8.5        |
+--------------+------------+
| 1972         | 9.2        |
+--------------+------------+
| 1974         | 8.6        |
+--------------+------------+
| 1977         | 8.6        |
+--------------+------------+
```

```
| 1994          | 8.8       |
+---------------+-----------+
| 1999          | 8.54      |
+---------------+-----------+
| 2002          | 8.5       |
+---------------+-----------+
| 2008          | 8.5       |
+---------------+-----------+
8 rows in set (0.00 sec)
```

使用 DROP TABLE 刪除資料表，指定欲刪除的資料表命名即可。

```
DROP TABLE table;
```

```
DROP TABLE avg_rating_by_release_year;
```

成功刪除資料表之後，在 SQLiteStudio 的資料庫清單中就能夠看到資料表已經不存在。

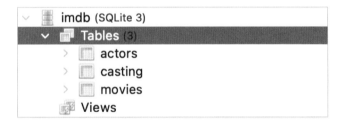

刪除資料表以後，就無法在 FROM 保留字之後指定資料表查詢。

```
SELECT *
  FROM avg_rating_by_release_year
 WHERE avg_rating >= 8.5;
```

```
Error while executing SQL query on database 'imdb': no such table:
avg_rating_by_release_year
```

12.3 資料操作語言

資料操作語言（Data Manipulation Language, DML）可以針對資料表進行更新。至於檢視表因為儲存的並不是資料，而是一段 SQL 敘述，想要更新檢視表，維持相同命名但替換儲存其中的 SQL 敘述，作法很單純，就是先 DROP VIEW 刪除檢視表、然後再重新 CREATE VIEW 建立相同命名的檢視表即可。

12.3.1 更新資料表

我們在前面的小節提到有兩種建立資料表的方式：基於 SQL 敘述從既有資料查詢衍生為資料表或者從零至一，我們已經示範過基於 SQL 敘述從既有資料查詢衍生為資料表的方式，現在我們可以利用資料定義語言以及資料操作語言從零至一建立資料表。首先使用 CREATE TABLE 建立資料表並給予資料表命名、指定欄位名稱與資料類別。

```
CREATE TABLE table (
    columns typeof_columns,
    ...
);
```

舉例來說，在 imdb 資料庫建立資料表 favorite_movies，資料表的三欄分別為 title、release_year 與 rating，資料類別依序為 text、integer 與 real。

```
CREATE TABLE favorite_movies (
    title text,
    release_year integer,
    rating real
);
```

建立好的資料表 favorite_movies 可以確實在 SQLiteStudio 的資料庫清單中看到。

這時候對新建立好的資料表 favorite_movies 查詢，會看到 0 筆觀測值。

```
SELECT *
  FROM favorite_movies;

Empty set (0.00 sec)
```

因為是從零至一建立資料表，除了 CREATE TABLE 以外，我們還需要使用 INSERT INTO 插入觀測值。

```
INSERT INTO table
VALUES
      (observations);
```

其中觀測值以元組（Tuples）形式指派、以逗號分隔值，舉例來說，在資料表 favorite_movies 插入五筆觀測值。

```
INSERT INTO favorite_movies
VALUES
      ('The Shawshank Redemption', 1995, 9.2),
      ('The Godfather', 1972, 9.1),
      ('The Dark Knight', 2008, 9.0),
      ('Forrest Gump', 1994, 8.8),
      ('Fight Club', 1999, 8.8);
```

完成插入觀測值後，對資料表 favorite_movies 查詢，會看到 (5, 3) 的外型。

```
SELECT *
  FROM favorite_movies;
```

```
+-------------------------+--------------+--------+
| title                   | release_year | rating |
+-------------------------+--------------+--------+
| The Shawshank Redemption | 1995        | 9.2    |
+-------------------------+--------------+--------+
| The Godfather           | 1972         | 9.1    |
+-------------------------+--------------+--------+
| The Dark Knight         | 2008         | 9      |
+-------------------------+--------------+--------+
| Forrest Gump            | 1994         | 8.8    |
+-------------------------+--------------+--------+
| Fight Club              | 1999         | 8.8    |
+-------------------------+--------------+--------+
5 rows in set (0.00 sec)
```

假如不想一筆一筆地輸入觀測值，資料也可以從副檔名為 .csv 的逗號分隔值檔案（Comma separated values）匯入，使用 SQLiteStudio 的資料匯入（Import）功能，記得將 First line respresents CSV column names 勾選方格取消勾選。

副檔名為 .csv 的逗號分隔值檔案：

```
The Shawshank Redemption,1995,9.2
The Godfather,1972,9.1
The Dark Knight,2008,9
Forrest Gump,1994,8.8
Fight Club,1999,8.8
```

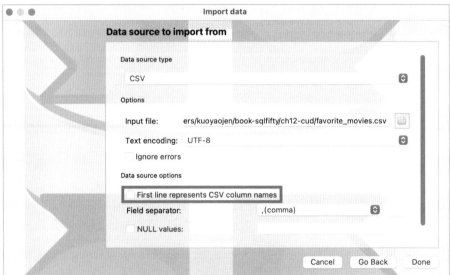

如果我們已經插入了觀測值才發現資料有誤，使用 `UPDATE table SET ...` 更新。

```
UPDATE table
   SET columns = values
 WHERE conditions;
```

舉例來說，The Shawshank Redemption 於 1994-10-14 在美國上映，於 1995-03-10 在台灣上映，中文片名為「刺激 1995」，上映年份誤植為 1995。

```
UPDATE favorite_movies
   SET release_year = 1994
 WHERE title = 'The Shawshank Redemption';
```

完成更新觀測值後，對資料表 favorite_movies 查詢，會看到 The Shawshank Redemption 上映年份確實更新成了 1994。

```
SELECT *
  FROM favorite_movies;
```

```
+--------------------------+--------------+--------+
| title                    | release_year | rating |
+--------------------------+--------------+--------+
| The Shawshank Redemption | 1994         | 9.2    |
+--------------------------+--------------+--------+
| The Godfather            | 1972         | 9.1    |
+--------------------------+--------------+--------+
| The Dark Knight          | 2008         | 9      |
+--------------------------+--------------+--------+
| Forrest Gump             | 1994         | 8.8    |
+--------------------------+--------------+--------+
| Fight Club               | 1999         | 8.8    |
+--------------------------+--------------+--------+
5 rows in set (0.00 sec)
```

如果我們已經插入了觀測值才發現是不需要的資料，使用 DELETE FROM table ... 刪除指定觀測值。

```
DELETE FROM table
 WHERE conditions;
```

舉例來說，The Godfather 於 1972-03-24 在美國上映，對於讀者已經是太過於久遠的電影。

```
DELETE FROM favorite_movies
 WHERE title = 'The Godfather';
```

完成刪除觀測值後，對資料表 favorite_movies 查詢，會看到 The Godfather 已經確實被刪除。

```
SELECT *
  FROM favorite_movies;
```

```
+----------------------------+--------------+--------+
| title                      | release_year | rating |
+----------------------------+--------------+--------+
| The Shawshank Redemption   | 1994         | 9.2    |
+----------------------------+--------------+--------+
| The Dark Knight            | 2008         | 9      |
+----------------------------+--------------+--------+
| Forrest Gump               | 1994         | 8.8    |
+----------------------------+--------------+--------+
| Fight Club                 | 1999         | 8.8    |
+----------------------------+--------------+--------+
4 rows in set (0.00 sec)
```

如果希望刪除資料表中「所有」的觀測值，同樣使用 DELETE FROM table，但是不指定條件。

```
DELETE FROM favorite_movies;
```

完成刪除觀測值後，對資料表 favorite_movies 查詢，會看到 0 筆觀測值。

```
SELECT *
  FROM favorite_movies;
```

```
Empty set (0.00 sec)
```

```
DROP TABLE favorite_movies;
```

刪除資料表之後,在 SQLiteStudio 的資料庫清單中就能夠看到資料表已
經不存在。

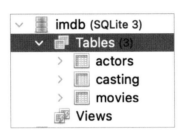

重 點 統 整

- ⊙ SQL 是一個能夠與關聯式資料庫互動的專用語言，常見的互動有四個：包含創造（Create）、查詢（Read）、更新（Update）與刪除（Delete）；與「創造」、「刪除」對應的是資料定義語言，與「更新」對應的是資料操作語言。

- ⊙ 這個章節學起來的 SQL 保留字：

  - CREATE VIEW

  - DROP VIEW

  - CREATE TABLE

  - DROP TABLE

  - INSERT INTO

  - UPDATE

  - SET

  - DELETE

- ⊙ 建立檢視表

  ```
  CREATE VIEW view
      AS
  SQL Statement;
  ```

- ⊙ 刪除檢視表 DROP VIEW view;

- ⊙ 基於 SQL 敘述從既有資料查詢衍生為資料表

  ```
  CREATE TABLE table
      AS
  SQL Statement;
  ```

⊙ 從零至一建立資料表

```
CREATE TABLE table (
    columns typeof_columns,
    ...
);
```

⊙ 刪除資料表 DROP TABLE table;

⊙ 插入觀測值

```
INSERT INTO table
VALUES
        (observations);
```

⊙ 更新觀測值

```
UPDATE table
    SET columns = values
 WHERE conditions;
```

⊙ 刪除指定觀測值

```
DELETE FROM table
 WHERE conditions;
```

⊙ 刪除所有觀測值

```
DELETE FROM table;
```

資料定義語言與資料操作語言

練 習 題

練習題會涵蓋四個學習資料庫，記得要依據題目的需求，調整編輯器選單
的學習資料庫，在自己電腦的 SQLiteStudio 寫出跟預期輸出相同的 SQL
敘述，寫作過程如果卡關了，可以參考附錄 A「練習題參考解答」。

40 從 **covid19** 資料庫建立一個檢視表名爲 **total_confirmed_by_country_region** 記錄截至 2022-05-31 全球各國的確診人數，參考下列的預期輸出。

註：本題不需考慮 **daily_report** 內的 **Last_Update** 時間戳記，**daily_report** 的數據有效期間就是 2022-05-31。

〔預期輸出〕 (199, 2) 的檢視表 total_confirmed_by_country_region。

礙於紙本篇幅僅顯示出前五列示意

```
SELECT *
  FROM covid19.total_confirmed_by_country_region
 LIMIT 5;
```

```
+----------------+-----------------+
| Country_Region | total_confirmed |
+----------------+-----------------+
| Afghanistan    | 180347          |
+----------------+-----------------+
| Albania        | 276101          |
+----------------+-----------------+
| Algeria        | 265884          |
+----------------+-----------------+
| Andorra        | 42894           |
+----------------+-----------------+
| Angola         | 99761           |
+----------------+-----------------+
5 rows in set (0.01 sec)
```

從 **twElection2020** 資料庫建立一個檢視表名為 **presidential_total_votes** 記錄三組候選人的總得票數,參考下列的預期輸出。

預期輸出　(3, 3) 的檢視表 presidential_total_votes。

```
SELECT *
  FROM presidential_total_votes;
```

```
+--------+--------------------+-------------+
| number | candidate          | total_votes |
+--------+--------------------+-------------+
| 1      | 宋楚瑜/余湘          | 608590      |
+--------+--------------------+-------------+
| 2      | 韓國瑜/張善政        | 5522119     |
+--------+--------------------+-------------+
| 3      | 蔡英文/賴清德        | 8170231     |
+--------+--------------------+-------------+
3 rows in set (0.04 sec)
```

42　從 **nba** 資料庫建立一個檢視表名為 **ppg_leader_by_teams** 紀錄各個球隊的得分王(生涯場均得分 **ppg** 全隊最高)是誰,參考下列的預期輸出。

預期輸出　(30, 4) 的檢視表 ppg_leader_by_teams。

```
SELECT *
  FROM ppg_leader_by_teams;
```

team	firstName	lastName	MAX(career_summaries.ppg)
Atlanta Hawks	Trae	Young	25.3
Boston Celtics	Jayson	Tatum	20.9
Brooklyn Nets	Kevin	Durant	27.2
Charlotte Hornets	LaMelo	Ball	18.3

```
| Chicago Bulls         | DeMar        | DeRozan            | 20.8 |          |
+-----------------------+--------------+--------------------+------+----------+
| Cleveland Cavaliers   | Collin       | Sexton             | 20.0 |          |
+-----------------------+--------------+--------------------+------+----------+
| Dallas Mavericks      | Luka         | Doncic             | 26.4 |          |
+-----------------------+--------------+--------------------+------+----------+
| Denver Nuggets        | Nikola       | Jokic              | 19.7 |          |
+-----------------------+--------------+--------------------+------+----------+
| Detroit Pistons       | Cade         | Cunningham         | 17.4 |          |
+-----------------------+--------------+--------------------+------+----------+
| Golden State Warriors | Stephen      | Curry              | 24.3 |          |
+-----------------------+--------------+--------------------+------+----------+
| Houston Rockets       | John         | Wall               | 19.1 |          |
+-----------------------+--------------+--------------------+------+----------+
| Indiana Pacers        | Buddy        | Hield              | 15.9 |          |
+-----------------------+--------------+--------------------+------+----------+
| LA Clippers           | Paul         | George             | 20.4 |          |
+-----------------------+--------------+--------------------+------+----------+
| Los Angeles Lakers    | LeBron       | James              | 27.1 |          |
+-----------------------+--------------+--------------------+------+----------+
| Memphis Grizzlies     | Ja           | Morant             | 21.2 |          |
+-----------------------+--------------+--------------------+------+----------+
| Miami Heat            | Jimmy        | Butler             | 17.7 |          |
+-----------------------+--------------+--------------------+------+----------+
| Milwaukee Bucks       | Giannis      | Antetokounmpo      | 21.8 |          |
+-----------------------+--------------+--------------------+------+----------+
| Minnesota Timberwolves| Karl-Anthony | Towns              | 23.2 |          |
+-----------------------+--------------+--------------------+------+----------+
| New Orleans Pelicans  | Zion         | Williamson         | 25.7 |          |
+-----------------------+--------------+--------------------+------+----------+
| New York Knicks       | Kemba        | Walker             | 19.5 |          |
+-----------------------+--------------+--------------------+------+----------+
| Oklahoma City Thunder | Shai         | Gilgeous-Alexander | 18.2 |          |
+-----------------------+--------------+--------------------+------+----------+
| Orlando Magic         | Franz        | Wagner             | 15.2 |          |
+-----------------------+--------------+--------------------+------+----------+
| Philadelphia 76ers    | Joel         | Embiid             | 26.0 |          |
+-----------------------+--------------+--------------------+------+----------+
| Phoenix Suns          | Devin        | Booker             | 23.5 |          |
```

```
+--------------------------+----------+-----------+--------+
| Portland Trail Blazers   | Damian   | Lillard   | 24.6   |
+--------------------------+----------+-----------+--------+
| Sacramento Kings         | De'Aaron | Fox       | 19.1   |
+--------------------------+----------+-----------+--------+
| San Antonio Spurs        | Keldon   | Johnson   | 14.4   |
+--------------------------+----------+-----------+--------+
| Toronto Raptors          | Pascal   | Siakam    | 15.7   |
+--------------------------+----------+-----------+--------+
| Utah Jazz                | Donovan  | Mitchell  | 23.9   |
+--------------------------+----------+-----------+--------+
| Washington Wizards       | Bradley  | Beal      | 22.1   |
+--------------------------+----------+-----------+--------+
30 rows in set (0.00 sec)
```

43 在 **nba** 資料庫新增一個資料表名爲 **favorite_players**，具有三個欄位 **name**、**years_pro**、**ppg**，資料類型分別是文字（**TEXT**）、整數（**INTEGER**）與浮點數（**REAL**），參考下列的預期輸出。

預期輸出　(0, 3) 的資料表 favorite_players。

```
SELECT *
  FROM favorite_players;
```

```
Empty set (0.00 sec)
```

44 承接上題，在 **nba** 資料庫的 **favorite_players** 資料表中新增五筆觀測值，參考下列的預期輸出。

預期輸出　(5, 3) 的資料表 favorite_players。

```
SELECT *
  FROM favorite_players;
```

```
+------------------+-----------+------+
| name             | years_pro | ppg  |
+------------------+-----------+------+
| Steve Nash       | 19        | 14.3 |
```

```
+-----------------+-----------+------+
| Michael Jordan  | 14        | 30.1 |
+-----------------+-----------+------+
| Paul Pierce     | 19        | 19.7 |
+-----------------+-----------+------+
| Kevin Garnett   | 21        | 17.8 |
+-----------------+-----------+------+
| Hakeem Olajuwon | 18        | 21.8 |
+-----------------+-----------+------+
5 rows in set (0.00 sec)
```

 45 承接上題，在 **nba** 資料庫的 **favorite_players** 資料表將第五位球員 Hakeem Olajuwon 替換成 Tim Duncan，參考下列的預期輸出。

預期輸出 (5, 3) 的資料表 favorite_players。

```
SELECT *
  FROM favorite_players;

+-----------------+-----------+------+
| name            | years_pro | ppg  |
+-----------------+-----------+------+
| Steve Nash      | 19        | 14.3 |
+-----------------+-----------+------+
| Michael Jordan  | 14        | 30.1 |
+-----------------+-----------+------+
| Paul Pierce     | 19        | 19.7 |
+-----------------+-----------+------+
| Kevin Garnett   | 21        | 17.8 |
+-----------------+-----------+------+
| Tim Duncan      | 19        | 19   |
+-----------------+-----------+------+
5 rows in set (0.00 sec)
```

13

綜合練習題

讀者如果是資料科學的初學者，可以略過下述的程式碼；讀者如果不是資料科學的初學者，欲使用 JupyterLab 執行本章節內容，必須先執行下述程式碼載入所需模組與連接資料庫。

```
%LOAD sqlite3 db=../databases/imdb.db timeout=2 shared_cache=true
ATTACH "../databases/nba.db" AS nba;
ATTACH "../databases/twElection2020.db" AS twElection2020;
ATTACH "../databases/covid19.db" AS covid19;
```

本章節的綜合練習題共有十四題，這些練習題將會使用到不同章節所介紹的保留字、函數或技巧，是設計給已經完成前面十二個章節練習題、想再進一步加強 SQL 整體能力的讀者。

練習題

練習題會涵蓋四個學習資料庫，記得要依據題目的需求，調整編輯器選單的學習資料庫，在自己電腦的 SQLiteStudio 寫出跟預期輸出相同的 SQL 敘述，寫作過程如果卡關了，可以參考附錄 A「練習題參考解答」。

46 從 **covid19** 資料庫查詢兩艘郵輪（Grand Princess 與 Diamond Princess）的資訊，參考下列的預期查詢結果。

預期輸出 (4, 4) 的查詢結果。

```
+------+----------------+------------------+-----------+
| iso2 | Country_Region | Province_State   | Confirmed |
+------+----------------+------------------+-----------+
| CA   | Canada         | Diamond Princess | 0         |
+------+----------------+------------------+-----------+
| CA   | Canada         | Grand Princess   | 13        |
+------+----------------+------------------+-----------+
| US   | US             | Diamond Princess | 49        |
+------+----------------+------------------+-----------+
| US   | US             | Grand Princess   | 103       |
+------+----------------+------------------+-----------+
4 rows in set (0.01 sec)
```

47 從 **covid19** 資料庫查詢截至 2022-05-31 所有國家確診與死亡人數的資訊，參考下列的預期查詢結果。

註：本題不需考慮 **daily_report** 內的 **Last_Update** 時間戳記，**daily_report** 的數據有效期間就是 2022-05-31。

預期輸出 (199, 3) 的查詢結果。

```
-- 礙於紙本篇幅僅顯示出前五列示意
+----------------+-----------+--------+
| Country_Region | Confirmed | Deaths |
+----------------+-----------+--------+
| Afghanistan    | 180347    | 7705   |
+----------------+-----------+--------+
| Albania        | 276101    | 3497   |
+----------------+-----------+--------+
| Algeria        | 265884    | 6875   |
+----------------+-----------+--------+
| Andorra        | 42894     | 153    |
+----------------+-----------+--------+
| Angola         | 99761     | 1900   |
+----------------+-----------+--------+
5 rows in set (0.01 sec)
```

從 **imdb** 資料庫查詢「魔戒三部曲」與「蝙蝠俠三部曲」的電影資訊與演員名單，三部曲電影系列中演員重複出演的情況是正常的，這時顯示獨一值即可，參考下列的預期查詢結果。

預期輸出　(67, 2) 的查詢結果。

```
+---------------------------------+---------------------------------+
| trilogy                         | name                            |
+---------------------------------+---------------------------------+
| Batman Trilogy                  | Aaron Eckhart                   |
+---------------------------------+---------------------------------+
| Batman Trilogy                  | Aidan Gillen                    |
+---------------------------------+---------------------------------+
| Batman Trilogy                  | Alon Aboutboul                  |
+---------------------------------+---------------------------------+
| Batman Trilogy                  | Anne Hathaway                   |
+---------------------------------+---------------------------------+
| Batman Trilogy                  | Anthony Michael Hall            |
+---------------------------------+---------------------------------+
| Batman Trilogy                  | Ben Mendelsohn                  |
+---------------------------------+---------------------------------+
| Batman Trilogy                  | Burn Gorman                     |
+---------------------------------+---------------------------------+
| Batman Trilogy                  | Chin Han                        |
+---------------------------------+---------------------------------+
| Batman Trilogy                  | Christian Bale                  |
+---------------------------------+---------------------------------+
| Batman Trilogy                  | Cillian Murphy                  |
+---------------------------------+---------------------------------+
| Batman Trilogy                  | Colin McFarlane                 |
+---------------------------------+---------------------------------+
| Batman Trilogy                  | Daniel Sunjata                  |
+---------------------------------+---------------------------------+
| Batman Trilogy                  | Eric Roberts                    |
+---------------------------------+---------------------------------+
| Batman Trilogy                  | Gary Oldman                     |
+---------------------------------+---------------------------------+
| Batman Trilogy                  | Gerard Murphy                   |
+---------------------------------+---------------------------------+
| Batman Trilogy                  | Heath Ledger                    |
+---------------------------------+---------------------------------+
```

```
+--------------------------------+--------------------------------+
| Batman Trilogy                 | Joseph Gordon-Levitt           |
+--------------------------------+--------------------------------+
| Batman Trilogy                 | Katie Holmes                   |
+--------------------------------+--------------------------------+
| Batman Trilogy                 | Ken Watanabe                   |
+--------------------------------+--------------------------------+
| Batman Trilogy                 | Larry Holden                   |
+--------------------------------+--------------------------------+
| Batman Trilogy                 | Liam Neeson                    |
+--------------------------------+--------------------------------+
| Batman Trilogy                 | Linus Roache                   |
+--------------------------------+--------------------------------+
| Batman Trilogy                 | Maggie Gyllenhaal              |
+--------------------------------+--------------------------------+
| Batman Trilogy                 | Marion Cotillard               |
+--------------------------------+--------------------------------+
| Batman Trilogy                 | Mark Boone Junior              |
+--------------------------------+--------------------------------+
| Batman Trilogy                 | Matthew Modine                 |
+--------------------------------+--------------------------------+
| Batman Trilogy                 | Michael Caine                  |
+--------------------------------+--------------------------------+
| Batman Trilogy                 | Monique Gabriela Curnen        |
+--------------------------------+--------------------------------+
| Batman Trilogy                 | Morgan Freeman                 |
+--------------------------------+--------------------------------+
| Batman Trilogy                 | Nestor Carbonell               |
+--------------------------------+--------------------------------+
| Batman Trilogy                 | Ritchie Coster                 |
+--------------------------------+--------------------------------+
| Batman Trilogy                 | Ron Dean                       |
+--------------------------------+--------------------------------+
| Batman Trilogy                 | Rutger Hauer                   |
+--------------------------------+--------------------------------+
| Batman Trilogy                 | Sam Kennard                    |
+--------------------------------+--------------------------------+
| Batman Trilogy                 | Tom Hardy                      |
+--------------------------------+--------------------------------+
| Batman Trilogy                 | Tom Wilkinson                  |
+--------------------------------+--------------------------------+
```

```
+---------------------------------+---------------------------------+
| The Lord of the Rings Trilogy   | Alan Howard                     |
+---------------------------------+---------------------------------+
| The Lord of the Rings Trilogy   | Ali Astin                       |
+---------------------------------+---------------------------------+
| The Lord of the Rings Trilogy   | Alistair Browning               |
+---------------------------------+---------------------------------+
| The Lord of the Rings Trilogy   | Andy Serkis                     |
+---------------------------------+---------------------------------+
| The Lord of the Rings Trilogy   | Bernard Hill                    |
+---------------------------------+---------------------------------+
| The Lord of the Rings Trilogy   | Billy Boyd                      |
+---------------------------------+---------------------------------+
| The Lord of the Rings Trilogy   | Brad Dourif                     |
+---------------------------------+---------------------------------+
| The Lord of the Rings Trilogy   | Bruce Allpress                  |
+---------------------------------+---------------------------------+
| The Lord of the Rings Trilogy   | Bruce Hopkins                   |
+---------------------------------+---------------------------------+
| The Lord of the Rings Trilogy   | Calum Gittins                   |
+---------------------------------+---------------------------------+
| The Lord of the Rings Trilogy   | Cate Blanchett                  |
+---------------------------------+---------------------------------+
| The Lord of the Rings Trilogy   | Christopher Lee                 |
+---------------------------------+---------------------------------+
| The Lord of the Rings Trilogy   | David Aston                     |
+---------------------------------+---------------------------------+
| The Lord of the Rings Trilogy   | Ian Holm                        |
+---------------------------------+---------------------------------+
| The Lord of the Rings Trilogy   | Jason Fitch                     |
+---------------------------------+---------------------------------+
| The Lord of the Rings Trilogy   | Jed Brophy                      |
+---------------------------------+---------------------------------+
| The Lord of the Rings Trilogy   | John Bach                       |
+---------------------------------+---------------------------------+
| The Lord of the Rings Trilogy   | Mark Ferguson                   |
+---------------------------------+---------------------------------+
| The Lord of the Rings Trilogy   | Marton Csokas                   |
+---------------------------------+---------------------------------+
| The Lord of the Rings Trilogy   | Megan Edwards                   |
```

```
+----------------------------------+----------------------------+
| The Lord of the Rings Trilogy    | Michael Elsworth           |
+----------------------------------+----------------------------+
| The Lord of the Rings Trilogy    | Noel Appleby               |
+----------------------------------+----------------------------+
| The Lord of the Rings Trilogy    | Orlando Bloom              |
+----------------------------------+----------------------------+
| The Lord of the Rings Trilogy    | Paris Howe Strewe          |
+----------------------------------+----------------------------+
| The Lord of the Rings Trilogy    | Richard Edge               |
+----------------------------------+----------------------------+
| The Lord of the Rings Trilogy    | Sadwyn Brophy              |
+----------------------------------+----------------------------+
| The Lord of the Rings Trilogy    | Sala Baker                 |
+----------------------------------+----------------------------+
| The Lord of the Rings Trilogy    | Sam Comery                 |
+----------------------------------+----------------------------+
| The Lord of the Rings Trilogy    | Sean Astin                 |
+----------------------------------+----------------------------+
| The Lord of the Rings Trilogy    | Sean Bean                  |
+----------------------------------+----------------------------+
| The Lord of the Rings Trilogy    | Viggo Mortensen            |
+----------------------------------+----------------------------+
67 rows in set (0.01 sec)
```

49 從 nba 資料庫查詢得分王（生涯場均得分 ppg 最高）、助攻王（生涯場均助攻 apg 最高）、籃板王（生涯場均籃板 rpg 最高）、抄截王（生涯場均抄截 spg 最高）以及阻攻王（生涯場均阻攻 bpg 最高），參考下列的預期查詢結果。

預期輸出　(6, 4) 的查詢結果。

```
+-----------+----------+----------+-------+
| firstName | lastName | category | value |
+-----------+----------+----------+-------+
| Andre     | Drummond | rpg      | 13.3  |
+-----------+----------+----------+-------+
| Anthony   | Davis    | bpg      | 2.3   |
+-----------+----------+----------+-------+
```

```
| Chris      | Paul     | apg      | 9.5   |
+------------+----------+----------+-------+
| Chris      | Paul     | spg      | 2.1   |
+------------+----------+----------+-------+
| Kevin      | Durant   | ppg      | 27.2  |
+------------+----------+----------+-------+
| Myles      | Turner   | bpg      | 2.3   |
+------------+----------+----------+-------+
6 rows in set (0.00 sec)
```

50 從 **twElection2020** 資料庫查詢三組總統候選人在各縣市的得票數,參考下列的預期查詢結果。

預期輸出 (22, 4) 的查詢結果。

```
+----------+-----------------+-----------------+-----------------+
| county   | soong_yu_votes  | han_chang_votes | tsai_lai_votes  |
+----------+-----------------+-----------------+-----------------+
| 南投縣   | 13315           | 133791          | 152046          |
+----------+-----------------+-----------------+-----------------+
| 嘉義市   | 6204            | 56269           | 99265           |
+----------+-----------------+-----------------+-----------------+
| 嘉義縣   | 11138           | 98810           | 197342          |
+----------+-----------------+-----------------+-----------------+
| 基隆市   | 11878           | 99360           | 114966          |
+----------+-----------------+-----------------+-----------------+
| 宜蘭縣   | 10739           | 90010           | 173657          |
+----------+-----------------+-----------------+-----------------+
| 屏東縣   | 14021           | 179353          | 317676          |
+----------+-----------------+-----------------+-----------------+
| 彰化縣   | 35060           | 291835          | 436336          |
+----------+-----------------+-----------------+-----------------+
| 新北市   | 112620          | 959631          | 1393936         |
+----------+-----------------+-----------------+-----------------+
| 新竹市   | 14103           | 102725          | 144274          |
+----------+-----------------+-----------------+-----------------+
| 新竹縣   | 18435           | 154224          | 152380          |
+----------+-----------------+-----------------+-----------------+
| 桃園市   | 63132           | 529749          | 718260          |
```

澎湖縣	2583	20911	27410
臺中市	84800	646366	967304
臺北市	70769	685830	875854
臺南市	41075	339702	786471
臺東縣	4163	67413	44092
花蓮縣	6869	111834	66509
苗栗縣	15222	164345	147034
連江縣	188	4776	1226
金門縣	1636	35948	10456
雲林縣	15331	138341	246116
高雄市	55309	610896	1097621

22 rows in set (0.08 sec)

51 從 `covid19` 資料庫查詢截至 2022-05-31 美國前十大確診人數的州別，參考下列的預期查詢結果。

註：本題不需考慮 `daily_report` 內的 `Last_Update` 時間戳記，`daily_report` 的數據有效期間就是 2022-05-31。

預期輸出 (10, 2) 的查詢結果。

Province_State	Confirmed
California	9620783
Texas	6946230

```
+-----------------+-----------+
| Florida         | 6159702   |
+-----------------+-----------+
| New York        | 5437811   |
+-----------------+-----------+
| Illinois        | 3302423   |
+-----------------+-----------+
| Pennsylvania    | 2907324   |
+-----------------+-----------+
| Ohio            | 2763123   |
+-----------------+-----------+
| North Carolina  | 2744935   |
+-----------------+-----------+
| Georgia         | 2556044   |
+-----------------+-----------+
| Michigan        | 2527831   |
+-----------------+-----------+
10 rows in set (0.01 sec)
```

52 從 **covid19** 資料庫查詢截至 2022-05-31 台灣、日本、中國、南韓與新加坡五個國家的確診與死亡人數的資訊,參考下列的預期查詢結果。

註:本題不需考慮 **daily_report** 內的 **Last_Update** 時間戳記,**daily_report** 的數據有效期間就是 2022-05-31。

預期輸出 (5, 3) 的查詢結果。

```
+-----------------+-----------+--------+
| Country_Region  | Confirmed | Deaths |
+-----------------+-----------+--------+
| China           | 2096684   | 14604  |
+-----------------+-----------+--------+
| Japan           | 8838747   | 30619  |
+-----------------+-----------+--------+
| Korea, South    | 18119415  | 24197  |
+-----------------+-----------+--------+
| Singapore       | 1303294   | 1389   |
+-----------------+-----------+--------+
```

```
| Taiwan          | 2032983  | 2255   |
+----------------+----------+--------+
5 rows in set (0.00 sec)
```

53 從 `imdb` 資料庫查詢出現最多次的導演爲誰,參考下列的預期查詢
結果。

預期輸出   (5, 2) 的查詢結果。

```
+-------------------+--------+
| director          | counts |
+-------------------+--------+
| Akira Kurosawa    | 7      |
+-------------------+--------+
| Christopher Nolan | 7      |
+-------------------+--------+
| Martin Scorsese   | 7      |
+-------------------+--------+
| Stanley Kubrick   | 7      |
+-------------------+--------+
| Steven Spielberg  | 7      |
+-------------------+--------+
5 rows in set (0.00 sec)
```

54 從 `imdb` 資料庫查詢出現最多次的演員爲誰,參考下列的預期查詢
結果。

預期輸出   (1, 3) 的查詢結果。

```
+----------+----------------+--------+
| actor_id | name           | counts |
+----------+----------------+--------+
| 2552     | Robert De Niro | 9      |
+----------+----------------+--------+
1 row in set (0.01 sec)
```

從 `imdb` 資料庫查詢評等大於等於 8.8（`rating >= 8.8`）電影的導演以及第一主角（`ord = 1`），參考下列的預期查詢結果。

預期輸出 (14, 3) 的查詢結果。

	title	director	lead_actor
1	The Shawshank Redemption	Frank Darabont	Tim Robbins
2	The Godfather	Francis Ford Coppola	Marlon Brando
3	The Dark Knight	Christopher Nolan	Christian Bale
4	The Godfather Part II	Francis Ford Coppola	Al Pacino
5	12 Angry Men	Sidney Lumet	Martin Balsam
6	Schindler's List	Steven Spielberg	Liam Neeson
7	The Lord of the Rings: The Return of the King	Peter Jackson	Noel Appleby
8	Pulp Fiction	Quentin Tarantino	Tim Roth
9	The Lord of the Rings: The Fellowship of the Ring	Peter Jackson	Alan Howard
10	The Good,the Bad and the Ugly	Sergio Leone	Eli Wallach
11	Forrest Gump	Robert Zemeckis	Tom Hanks
12	Fight Club	David Fincher	Edward Norton
13	Inception	Christopher Nolan	Leonardo DiCaprio
14	The Lord of the Rings: The Two Towers	Peter Jackson	Bruce Allpress

註：此處輸出結果過寬，於書中呈現的效果不佳，故改以圖片方式呈現輸出結果供讀者參照。

 從 `nba` 資料庫查詢得分王（生涯總得分 `points` 最高）、助攻王（生涯總助攻 `assists` 最高）、籃板王（生涯總籃板 `totReb` 最高）、抄截王（生涯總抄截 `steals` 最高）以及阻攻王（生涯總阻攻 `blocks` 最高），參考下列的預期查詢結果。

預期輸出 (5, 4) 的查詢結果。

```
+-----------+----------+----------+-------+
| firstName | lastName | category | value |
+-----------+----------+----------+-------+
| Chris     | Paul     | assists  | 10977 |
+-----------+----------+----------+-------+
| Chris     | Paul     | steals   | 2453  |
+-----------+----------+----------+-------+
| Dwight    | Howard   | blocks   | 2228  |
+-----------+----------+----------+-------+
```

```
| Dwight     | Howard    | totReb    | 14627 |
+------------+-----------+-----------+-------+
| LeBron     | James     | points    | 37062 |
+------------+-----------+-----------+-------+
5 rows in set (0.00 sec)
```

 從 **nba** 資料庫查詢各球隊陣中場均得分大於等於 20 分（**ppg >= 20**）的球員人數，參考下列的預期查詢結果。

預期輸出　(30, 2) 的查詢結果。

```
+------------------------+-------------------+
| team_name              | number_of_players |
+------------------------+-------------------+
| Los Angeles Lakers     | 4                 |
+------------------------+-------------------+
| Brooklyn Nets          | 2                 |
+------------------------+-------------------+
| Minnesota Timberwolves | 2                 |
+------------------------+-------------------+
| Philadelphia 76ers     | 2                 |
+------------------------+-------------------+
| Atlanta Hawks          | 1                 |
+------------------------+-------------------+
| Boston Celtics         | 1                 |
+------------------------+-------------------+
| Chicago Bulls          | 1                 |
+------------------------+-------------------+
| Cleveland Cavaliers    | 1                 |
+------------------------+-------------------+
| Dallas Mavericks       | 1                 |
+------------------------+-------------------+
| Golden State Warriors  | 1                 |
+------------------------+-------------------+
| LA Clippers            | 1                 |
+------------------------+-------------------+
| Memphis Grizzlies      | 1                 |
+------------------------+-------------------+
| Milwaukee Bucks        | 1                 |
```

```
+-----------------------------+-------------------+
| New Orleans Pelicans        | 1                 |
+-----------------------------+-------------------+
| Phoenix Suns                | 1                 |
+-----------------------------+-------------------+
| Portland Trail Blazers      | 1                 |
+-----------------------------+-------------------+
| Utah Jazz                   | 1                 |
+-----------------------------+-------------------+
| Washington Wizards          | 1                 |
+-----------------------------+-------------------+
| Charlotte Hornets           | 0                 |
+-----------------------------+-------------------+
| Denver Nuggets              | 0                 |
+-----------------------------+-------------------+
| Detroit Pistons             | 0                 |
+-----------------------------+-------------------+
| Houston Rockets             | 0                 |
+-----------------------------+-------------------+
| Indiana Pacers              | 0                 |
+-----------------------------+-------------------+
| Miami Heat                  | 0                 |
+-----------------------------+-------------------+
| New York Knicks             | 0                 |
+-----------------------------+-------------------+
| Oklahoma City Thunder       | 0                 |
+-----------------------------+-------------------+
| Orlando Magic               | 0                 |
+-----------------------------+-------------------+
| Sacramento Kings            | 0                 |
+-----------------------------+-------------------+
| San Antonio Spurs           | 0                 |
+-----------------------------+-------------------+
| Toronto Raptors             | 0                 |
+-----------------------------+-------------------+
30 rows in set (0.00 sec)
```

58 從 **twElection2020** 資料庫查詢中國國民黨與民主進步黨在 2020 年選舉的得票率,包含總統副總統、不分區立委與區域立委,參考下列的預期查詢結果。

註:不分區立委的投票資料記錄於資料表 `legislative_at_large`,區域立委的投票資料記錄於資料表 `legislative_regional`。

預期輸出 (2, 4) 的查詢結果。

	party	presidential	legislative_regional	legislative_at_large
1	中國國民黨	38.61%	40.71%	33.36%
2	民主進步黨	57.13%	45.11%	33.98%

註:此處輸出結果過寬,於書中呈現的效果不佳,故改以圖片方式呈現輸出結果供讀者參照。

59 從 **twElection2020** 資料庫查詢代表中國國民黨參選總統副總統的韓國瑜/張善政組合,在台灣 7,737 個選舉區(以村鄰里爲一個選舉區)贏得的選舉區(得票數大於 > 蔡英文/賴清德組合)以及淨贏得票數,參考下列的預期查詢結果。

預期輸出 (1332, 4) 的查詢結果。

```
-- 礙於紙本篇幅僅顯示出前五列示意
+----------+----------+----------+-------------------+
| county   | town     | village  | net_winning_votes |
+----------+----------+----------+-------------------+
| 金門縣   | 金城鎮   | 西門里   | 2190              |
+----------+----------+----------+-------------------+
| 高雄市   | 左營區   | 海勝里   | 2096              |
+----------+----------+----------+-------------------+
| 臺北市   | 松山區   | 自強里   | 1802              |
+----------+----------+----------+-------------------+
| 桃園市   | 中壢區   | 自立里   | 1763              |
+----------+----------+----------+-------------------+
| 桃園市   | 龜山區   | 陸光里   | 1560              |
+----------+----------+----------+-------------------+
5 rows in set (0.12 sec)
```

A

練習題參考解答

讀者在寫作各個章節的練習題若是遇到卡關、瓶頸，可以參考本附錄；假如讀者除了參考解答還希望可以有手把手（Step-by-step）的解題過程，可以考慮加入我在 2021 年於 Hahow 好學校所開設的同名線上課程「SQL 的五十道練習：初學者友善的資料庫入門」https://hahow.in/cr/sqlfifty，課程收錄有五十九道練習題的解題過程，搭配口白說明與字幕，線上課程的動態特性能與書籍的靜態特性相輔相成，讓學習效益最佳化。

01 從 **twElection2020** 資料庫的 **admin_regions** 資料表選擇所有變數，並且使用 LIMIT 5 顯示前五列資料，參考下列的預期查詢結果。

預期輸出　(5, 4) 的查詢結果。

```
SELECT *
  FROM admin_regions
 LIMIT 5;
```

02 從 **nba** 資料庫的球隊資料表 **teams** 中選擇 **confName**、**divName**、**fullName** 三個變數,並且使用 **LIMIT 10** 顯示前十列資料,參考下列預期的查詢結果。

預期輸出 (10, 3) 的查詢結果。

```
SELECT confName,
       divName,
       fullName
  FROM teams
 LIMIT 10;
```

03 從 **nba** 資料庫的球員資料表 **players** 中選擇 **firstName**、**lastName** 兩個變數,並依序取別名為 **first_name**、**last_name**,使用 **LIMIT 5** 顯示前五列資料,參考下列預期的查詢結果。

預期輸出 (5, 2) 的查詢結果。

```
SELECT firstName AS first_name,
       lastName AS last_name
  FROM players
 LIMIT 5;
```

04 從 **twElection2020** 資料庫的 **admin_regions** 資料表選擇「不重複」的縣市(**county**),參考下列的預期查詢結果。

預期輸出 (22, 1) 的查詢結果。

```
SELECT DISTINCT county AS distinct_counties
  FROM admin_regions;
```

05 從 **nba** 資料庫的 **teams** 資料表選擇「不重複」的分組(**divName**),參考下列的預期查詢結果。

預期輸出 (6, 1) 的查詢結果。

```
SELECT DISTINCT divName AS distinct_divisions
  FROM teams;
```

06 從 `covid19` 資料庫的 `daily_report` 資料表根據 `Confirmed`、`Deaths` 欄位以及下列公式衍生計算欄位 `Fatality_Ratio`，參考下列的預期查詢結果。

$$\text{Fatality\_Ratio} = \frac{\text{Deaths}}{\text{Confirmed}}$$

預期輸出 (4011, 3) 的查詢結果。

```
SELECT Confirmed,
       Deaths,
       Deaths*1.0 / Confirmed AS Fatality_Ratio
  FROM daily_report;
```

07 從 `nba` 資料庫的 `players` 資料表依據 `heightMeters`、`weightKilograms` 欄位以及下列公式衍生計算欄位 `bmi`，參考下列的預期查詢結果。

$$\text{BMI} = \frac{\text{weight}_{\text{kg}}}{\text{height}_{\text{m}}^2}$$

預期輸出 (506, 3) 的查詢結果。

```
SELECT heightMeters,
       weightKilograms,
       weightKilograms / (heightMeters*heightMeters) AS bmi
  FROM players;
```

08 從 `nba` 資料庫的 `teams` 資料表連接 `confName`、`divName` 欄位後使用 `DISTINCT` 去除重複值，參考下列的預期查詢結果。

預期輸出 (6, 1) 的查詢結果。

```
SELECT DISTINCT confName || ', ' || divName AS conf_div
  FROM teams;
```

09 從 nba 資料庫的 **players** 資料表依據 **heightMeters**、**weightKilograms** 以及下列公式衍生計算欄位 **bmi**，並使用 **ROUND** 函數將 **bmi** 的小數點位數調整為 2 位，參考下列的預期查詢結果。

$$\text{BMI} = \frac{\text{weight}_{kg}}{\text{height}_m^2}$$

預期輸出 (506, 3) 的查詢結果。

```
SELECT heightMeters,
       weightKilograms,
       ROUND(weightKilograms / (heightMeters*heightMeters),
2) AS bmi
  FROM players;
```

10 從 nba 資料庫的 **career_summaries** 資料表中依據 **assists**、**turnovers** 欄位以及下列公式衍生計算助攻失誤比，讓衍生計算欄位的資料類型為浮點數 **REAL**，參考下列的預期查詢結果。

$$\text{Assist Turnover Ratio} = \frac{\text{Assists}}{\text{Turnovers}}$$

預期輸出 (506, 3) 的查詢結果。

```
SELECT assists,
       turnovers,
       CAST(assists AS REAL) / turnovers AS
assist_turnover_ratio
  FROM career_summaries;
```

11 從 **covid19** 資料庫的 **time_series** 資料表依據 **Date** 變數，使用 **STRFTIME** 函數查詢時間序列資料有哪些不重複的月份，參考下列的預期查詢結果。

預期輸出 (29, 1) 的查詢結果。

```
SELECT DISTINCT STRFTIME('%Y', Date) || '-' || STRFTIME('%m',
Date) AS distinct_year_month
  FROM time_series;
```

12 從 `twElection2020` 資料庫的 `presidential` 資料表利用聚合函數彙總有多少人參與了總統副總統的投票選舉,參考下列的預期查詢結果。

預期輸出　(1, 1) 的查詢結果。

```
SELECT SUM(votes) AS total_presidential_votes
  FROM presidential;
```

13 從 `covid19` 資料庫的 `daily_report` 資料表利用聚合函數彙總截至 2022-05-31 全世界總確診數以及總死亡數,參考下列的預期查詢結果。

註:本題不需考慮 `daily_report` 內的 `Last_Update` 時間戳記, `daily_report` 的數據有效期間就是 2022-05-31。

預期輸出　(1, 2) 的查詢結果。

```
SELECT SUM(Confirmed) AS total_confirmed,
       SUM(Deaths) AS total_deaths
  FROM daily_report;
```

14 從 `nba` 資料庫的 `career_summaries` 資料表中依據 `ppg`(Points per game,場均得分)找出場均得分最高的 10 名球員,參考下列的預期查詢結果。

預期輸出　(10, 2) 的查詢結果。

```
SELECT personId,
       ppg
  FROM career_summaries
 ORDER BY ppg DESC
 LIMIT 10;
```

15 從 **covid19** 資料庫的 **time_series** 資料表中依據 **Daily_Cases** 找出前十個單日新增確診數最多的日期，參考下列的預期查詢結果。

預期輸出 (10, 3) 的查詢結果。

```
SELECT Date,
       Country_Region,
       Daily_Cases
  FROM time_series
 ORDER BY Daily_Cases DESC
 LIMIT 10;
```

16 從 **nba** 資料庫的 **career_summaries** 資料表中依據 **assists**、**turnovers** 欄位以及下列公式衍生計算助攻失誤比，讓衍生計算欄位的資料類型為浮點數 REAL，找出助攻失誤比最高的前 10 名球員，參考下列的預期查詢結果。

$$\text{Assist Turnover Ratio} = \frac{\text{Assists}}{\text{Turnovers}}$$

預期輸出 (10, 3) 的查詢結果。

```
SELECT personId,
       assists,
       turnovers
  FROM career_summaries
 ORDER BY CAST(assists AS REAL) / turnovers DESC
 LIMIT 10;
```

17 從 **covid19** 資料庫的 **time_series** 資料表將台灣的觀測值篩選出來，參考下列的預期查詢結果。

預期輸出 (861, 4) 的查詢結果。

```
SELECT Country_Region,
       Date,
       Confirmed,
       Daily_Cases
  FROM time_series
 WHERE Country_Region = 'Taiwan';
```

18 從 `imdb` 資料庫的 `movies` 資料表將上映年份為 1994 的電影篩選出來，參考下列的預期查詢結果。

> 預期輸出 (5, 4) 的查詢結果。

```
SELECT title,
       rating,
       director,
       runtime
  FROM movies
 WHERE release_year = 1994;
```

19 從 `imdb` 資料庫的 `actors` 資料表將 Tom Hanks、Christian Bale、Leonardo DiCaprio 篩選出來，參考下列的預期查詢結果。

註：Tom Hanks 是一位著名的美國男演員及電視製片人，以演技精湛而著稱。他是歷史上第 2 位連續兩屆獲得奧斯卡金像獎最佳男主角獎的演員，亦是最年輕獲得美國電影學會終身成就獎的演員。Christian Bale 是一名英國男演員和電影製片人，在蝙蝠俠三部曲中飾演 Bruce Wayne 獲得了廣泛讚揚及商業認可。Leonardo DiCaprio 是一位美國著名男演員、電影製片人兼環保概念的推動者，出演了由史詩愛情片鐵達尼號知名度大開。

來源：Wikipedia

> 預期輸出 (3, 2) 的查詢結果。

```
SELECT *
  FROM actors
 WHERE name IN ('Tom Hanks', 'Christian Bale', 'Leonardo
DiCaprio');
```

20 從 `imdb` 資料庫的 `movies` 資料表篩選出由 Christopher Nolan 或 Peter Jackson 所導演的電影,參考下列的預期查詢結果。

註:Christopher Nolan 是一名英國導演、編劇及監製,他的十部電影在全球獲得超過 47 億美元的票房,執導著名電影包含「黑暗騎士三部曲」、全面啓動、星際效應及敦克爾克大行動;Peter Jackson 是一名紐西蘭導演、編劇及監製,執導最出名的作品是「魔戒電影三部曲」與「哈比人電影系列」。

來源:Wikipedia

預期輸出 (10, 2) 的查詢結果。

```
SELECT title,
       director
  FROM movies
 WHERE director IN ('Christopher Nolan', 'Peter Jackson')
 ORDER BY director;
```

21 從 `covid19` 資料庫的 `lookup_table` 資料表篩選出 `Country_Region` 名稱有 land 的國家,參考下列的預期查詢結果。

預期輸出 (10, 1) 的查詢結果。

```
SELECT DISTINCT Country_Region
  FROM lookup_table
 WHERE Country_Region LIKE '%land%';
```

22 從 `covid19` 資料庫的 `daily_report` 資料表將「美國」與「非美國」的觀測值用衍生計算欄位區分,美國的觀測值給予 `'Is US'`、非美國的觀測值給予 `'Not US'`,參考下列的預期查詢結果。

預期輸出 (4011, 2) 的查詢結果。

```
SELECT Combined_Key,
       CASE WHEN Combined_Key LIKE '%, US' THEN 'Is US'
            ELSE 'Not US' END AS is_us
  FROM daily_report;
```

附錄 A

練習題參考解答

23 從 `imdb` 資料庫的 `movies` 資料表將評等超過 8.7（`>8.7`）的電影分類為 `'Awesome'`、將評等超過 8.4（`>8.4`）的電影分類為 `'Terrific'`，再將其餘的電影分類為 `'Great'`，參考下列的預期查詢結果。

預期輸出 (250, 3) 的查詢結果。

```
SELECT title,
       rating,
       CASE WHEN rating > 8.7 THEN 'Awesome'
            WHEN rating > 8.4 THEN 'Terrific'
            ELSE 'Great' END AS rating_category
  FROM movies;
```

24 從 `twElection2020` 資料庫的 `admin_regions` 資料表將 `county` 分類為 '六都' 與 '非六都'，參考下列的預期查詢結果。

註：六都為臺北市、新北市、桃園市、臺中市、臺南市與高雄市。

預期輸出 (22, 2) 的查詢結果。

```
SELECT DISTINCT county,
       CASE WHEN county IN ('臺北市', '新北市', '桃園市', '臺中
市', '臺南市', '高雄市') THEN '六都'
            ELSE '非六都' END AS county_type
  FROM admin_regions
 ORDER BY county_type,
          county;
```

25 從 **imdb** 資料庫的 **movies** 資料表計算每一年有幾部在 IMDb.com 獲得高評等的經典電影,參考下列的預期查詢結果。

註:在 **movies** 資料表中的所有電影都是高評等的經典電影,讀者不需要定義或篩選「高評等」。

預期輸出 (86, 2) 的查詢結果。

```
SELECT release_year,
       COUNT(*) AS number_of_movies
  FROM movies
 GROUP BY release_year
 ORDER BY release_year;
```

26 從 **imdb** 資料庫的 **movies** 資料表計算每一年有幾部在 IMDb.com 獲得高評等的經典電影,只顯示電影數在 5 部以上(**>= 5**)的年份,參考下列的預期查詢結果。

註:在 **movies** 資料表中的所有電影都是高評等的經典電影,讀者不需要定義或篩選「高評等」。

預期輸出 (17, 2) 的查詢結果。

```
SELECT release_year,
       COUNT(*) AS number_of_movies
  FROM movies
 GROUP BY release_year
HAVING number_of_movies >= 5
 ORDER BY release_year;
```

27 從 **twElection2020** 資料庫的 **presidential** 資料表瞭解台灣 2020 總統副總統的選舉結果,參考下列的預期查詢結果。

預期輸出 (3, 2) 的查詢結果。

```
SELECT candidate_id,
       SUM(votes) AS total_votes
  FROM presidential
 GROUP BY candidate_id;
```

28 從 **nba** 資料庫的 **players** 資料表根據 **country** 瞭解 NBA 由哪些國家的球員所組成,參考下列的預期查詢結果。

預期輸出 (42, 2) 的查詢結果。

```
SELECT country,
       COUNT(*) AS number_of_players
  FROM players
 GROUP BY country
 ORDER BY number_of_players DESC;
```

29 從 **nba** 資料庫的 **players** 資料表根據 **country** 瞭解 NBA 由哪些國家的球員所組成,只顯示球員數在 2 位以上(**>= 2**)並在 9 位以下(**<=9**)的國家,參考下列的預期查詢結果。

預期輸出 (24, 2) 的查詢結果。

```
SELECT country,
       COUNT(*) AS number_of_players
  FROM players
 GROUP BY country
HAVING number_of_players BETWEEN 2 and 9
 ORDER BY number_of_players DESC;
```

30 從 **nba** 資料庫的 **players** 資料表運用子查詢找出 NBA 中身高最高與最矮的球員是誰,參考下列的預期查詢結果。

預期輸出 (3, 3) 的查詢結果。

```
SELECT firstName,
       lastName,
       heightMeters
  FROM players
 WHERE heightMeters = (SELECT MAX(heightMeters) FROM players)
OR
       heightMeters = (SELECT MIN(heightMeters) FROM
players);
```

A-11

31 從 **nba** 資料庫的 **players** 資料表運用子查詢計算球員的國籍佔比，參考下列的預期查詢結果。

預期輸出 (42, 2) 的查詢結果。

```
SELECT country,
       CAST(COUNT(*) AS REAL) / (SELECT COUNT(*)
                                   FROM players) AS
player_percentage
  FROM players
 GROUP BY country
 ORDER BY player_percentage DESC,
          country;
```

32 從 **nba** 資料庫運用子查詢找出 NBA 的場均得分王（**ppg**），參考下列的預期查詢結果。

預期輸出 (1, 2) 的查詢結果。

```
SELECT firstName,
       lastName
  FROM players
 WHERE personId = (SELECT personId
                     FROM career_summaries
                    WHERE ppg = (SELECT MAX(ppg)
                                   FROM career_summaries));
```

33 從 **nba** 資料庫運用子查詢找出目前布魯克林籃網隊（Brooklyn Nets）的球員名單，參考下列的預期查詢結果。

預期輸出 (16, 2) 的查詢結果。

```
SELECT firstName,
       lastName
  FROM players
 WHERE teamId = (SELECT teamId
                   FROM teams
                  WHERE nickname = 'Nets');
```

34 從 **twElection2020** 資料庫的 **presidential** 資料表計算各組候選人的得票率,參考下列的預期查詢結果。

預期輸出　(3, 2) 的查詢結果。

```
SELECT candidate_id,
       CAST(ROUND(CAST(SUM(votes) AS REAL) / (SELECT
SUM(votes) FROM presidential), 4) * 100 AS TEXT) || '%' AS
votes_percentage
  FROM presidential
 GROUP BY candidate_id;
```

35 從 **covid19** 資料庫查詢截至 2022-05-31 全球前十大確診人數的國家,參考下列的預期查詢結果。

註:本題不需考慮 **daily_report** 內的 **Last_Update** 時間戳記,**daily_report** 的數據有效期間就是 2022-05-31。

預期輸出　(10, 2) 的查詢結果。

```
SELECT lookup_table.Country_Region,
       SUM(daily_report.Confirmed) AS total_confirmed
  FROM daily_report
  JOIN lookup_table
    ON daily_report.Combined_Key = lookup_table.Combined_Key
 GROUP BY lookup_table.Country_Region
 ORDER BY total_confirmed DESC
 LIMIT 10;
```

36 從 `twElection2020` 資料庫查詢中國國民黨、民主進步黨與親民黨在不分區立委與區域立委的得票率,參考下列的預期查詢結果。

註:不分區立委的投票資料記錄於資料表 `legislative_at_large`,區域立委的投票資料記錄於資料表 `legislative_regional`。

預期輸出 (6, 3) 的查詢結果。

```sql
SELECT parties.party,
       '不分區立委' AS election,
       ROUND(CAST(SUM(legislative_at_large.votes) AS REAL) /
(SELECT SUM(legislative_at_large.votes) FROM
legislative_at_large), 4) AS votes_percentage
  FROM legislative_at_large
  JOIN parties
    ON legislative_at_large.party_id = parties.id
 WHERE parties.party IN ('中國國民黨', '民主進步黨', '親民黨')
 GROUP BY legislative_at_large.party_id
 UNION
SELECT parties.party,
       '區域立委' AS election,
       ROUND(CAST(SUM(legislative_regional.votes) AS REAL) /
(SELECT SUM(legislative_regional.votes) FROM
legislative_regional), 4) AS votes_percentage
  FROM legislative_regional
  JOIN candidates
    ON legislative_regional.candidate_id = candidates.id
  JOIN parties
    ON candidates.party_id = parties.id
 WHERE parties.party IN ('中國國民黨', '民主進步黨', '親民黨')
 GROUP BY parties.id
 ORDER BY election;
```

37 從 nba 資料庫查詢洛杉磯湖人隊（Los Angeles Lakers）球員的生涯場均得分 **ppg**，參考下列的預期查詢結果。

預期輸出 　(17, 3) 的查詢結果。

```
SELECT teams.fullName AS team_name,
       players.firstName || ' ' || players.lastName AS
player_name,
       career_summaries.ppg
  FROM players
  JOIN teams
    ON players.teamId = teams.teamId
  JOIN career_summaries
    ON players.personId = career_summaries.personId
 WHERE teams.nickname = 'Lakers'
 ORDER BY career_summaries.ppg DESC;
```

38 從 nba 資料庫查詢各個球隊的得分王（生涯場均得分 **ppg** 全隊最高）是誰，將查詢結果依隊伍名排序，參考下列的預期查詢結果。

預期輸出 　(30, 3) 的查詢結果。

```
SELECT teams.fullName AS team,
       players.firstName || ' ' || players.lastName AS
player,
       MAX(career_summaries.ppg) AS ppg
  FROM players
  JOIN teams
    ON players.teamId = teams.teamId
  JOIN career_summaries
    ON players.personId = career_summaries.personId
 GROUP BY teams.fullName
 ORDER BY teams.fullName;
```

39 從 `imdb` 資料庫中查詢 Tom Hanks 與 Leonardo DiCaprio 在 IMDb.com 最高評價的 250 部電影中演出哪些電影，依據 `casting` 資料表中的 `ord` 衍生計算欄位 `is_lead_actor` 註記是否為第一主角（`ord` 若為 1 表示為第一主角），將查詢結果依 `release_year` 排序，參考下列的預期查詢結果。

預期輸出 (12, 4) 的查詢結果。

```
SELECT movies.release_year,
       movies.title,
       actors.name,
       casting.ord = 1 AS is_lead_actor
  FROM actors
  JOIN casting
    ON actors.id = casting.actor_id
  JOIN movies
    ON casting.movie_id = movies.id
 WHERE actors.name IN ('Tom Hanks', 'Leonardo DiCaprio')
 ORDER BY movies.release_year;
```

40 從 `covid19` 資料庫建立一個檢視表名為 `total_confirmed_by_country_region` 記錄截至 2022-05-31 全球各國的確診人數，參考下列的預期輸出。

註：本題不需考慮 `daily_report` 內的 `Last_Update` 時間戳記，`daily_report` 的數據有效期間就是 2022-05-31。

預期輸出 (199, 2) 的檢視表 `total_confirmed_by_country_region`。

```
CREATE VIEW total_confirmed_by_country_region
    AS
SELECT lookup_table.Country_Region,
       SUM(daily_report.Confirmed) AS total_confirmed
  FROM daily_report
  JOIN lookup_table
    ON daily_report.Combined_Key = lookup_table.Combined_Key
 GROUP BY lookup_table.Country_Region;
```

```
SELECT *
  FROM total_confirmed_by_country_region;
```

41 從 **twElection2020** 資料庫建立一個檢視表名為 **presidential_total_votes** 記錄三組候選人的總得票數，參考下列的預期輸出。

預期輸出 (3, 3) 的檢視表 presidential_total_votes。

```
CREATE VIEW presidential_total_votes
    AS
SELECT candidates.number,
       candidates.candidate,
       SUM(presidential.votes) AS total_votes
  FROM presidential
  JOIN candidates
    ON presidential.candidate_id = candidates.id
 GROUP BY presidential.candidate_id;


SELECT *
  FROM presidential_total_votes;
```

42 從 **nba** 資料庫建立一個檢視表名為 **ppg_leader_by_teams** 紀錄各個球隊的得分王（生涯場均得分 **ppg** 全隊最高）是誰，參考下列的預期輸出。

預期輸出 (30, 4) 的檢視表 ppg_leader_by_teams。

```
CREATE VIEW ppg_leader_by_teams
AS
SELECT teams.fullName AS team,
       players.firstName,
       players.lastName,
       MAX(career_summaries.ppg)
  FROM players
  JOIN teams
    ON players.teamId = teams.teamId
  JOIN career_summaries
    ON players.personId = career_summaries.personId
```

```
GROUP BY teams.fullName
ORDER BY teams.fullName;
```

```
SELECT *
  FROM ppg_leader_by_teams;
```

43 在 **nba** 資料庫新增一個資料表名為 **favorite_players**，具有三個欄位 **name**、**years_pro**、**ppg**，資料類型分別是文字（**TEXT**）、整數（**INTEGER**）與浮點數（**REAL**），參考下列的預期輸出。

預期輸出 (0, 3) 的資料表 favorite_players。

```
CREATE TABLE favorite_players (
    name TEXT,
    years_pro INTEGER,
    ppg REAL
);
```

```
SELECT *
  FROM favorite_players;
```

44 承接上題，在 **nba** 資料庫的 **favorite_players** 資料表中新增五筆觀測值，參考下列的預期輸出。

預期輸出 (5, 3) 的資料表 favorite_players。

```
INSERT INTO favorite_players (name, years_pro, ppg)
VALUES
        ('Steve Nash', 19, 14.3),
        ('Michael Jordan', 14, 30.1),
        ('Paul Pierce', 19, 19.7),
        ('Kevin Garnett', 21, 17.8),
        ('Hakeem Olajuwon', 18, 21.8);
```

```
SELECT *
  FROM favorite_players;
```

45 承接上題，在 **nba** 資料庫的 **favorite_players** 資料表將第五位球員 Hakeem Olajuwon 替換成 Tim Duncan，參考下列的預期輸出。

預期輸出　(5, 3) 的資料表 favorite_players。

```
UPDATE favorite_players
   SET name = 'Tim Duncan',
       years_pro = 19,
       ppg = 19.0
 WHERE name = 'Hakeem Olajuwon';


SELECT *
  FROM favorite_players;
```

46 從 **covid19** 資料庫查詢兩艘郵輪（Grand Princess 與 Diamond Princess）的資訊，參考下列的預期查詢結果。

預期輸出　(4, 4) 的查詢結果。

```
SELECT lookup_table.iso2,
       lookup_table.Country_Region,
       lookup_table.Province_State,
       daily_report.Confirmed
  FROM daily_report
  JOIN lookup_table
    ON daily_report.Combined_Key = lookup_table.Combined_key
 WHERE Province_State IN ('Grand Princess', 'Diamond
Princess');
```

47 從 `covid19` 資料庫查詢截至 2022-05-31 所有國家確診與死亡人數的資訊，參考下列的預期查詢結果。

註：本題不需考慮 `daily_report` 內的 `Last_Update` 時間戳記，`daily_report` 的數據有效期間就是 2022-05-31。

預期輸出 (199, 3) 的查詢結果。

```sql
SELECT lookup_table.Country_Region,
       SUM(daily_report.Confirmed) AS Confirmed,
       SUM(daily_report.Deaths) AS Deaths
  FROM daily_report
  JOIN lookup_table
    ON daily_report.Combined_Key = lookup_table.Combined_key
 GROUP BY lookup_table.Country_Region;
```

48 從 `imdb` 資料庫查詢「魔戒三部曲」與「蝙蝠俠三部曲」的電影資訊與演員名單，三部曲電影系列中演員重複出演的情況是正常的，這時顯示獨一值即可，參考下列的預期查詢結果。

預期輸出 (67, 2) 的查詢結果。

```sql
SELECT CASE WHEN movies.title LIKE '%Lord of the Rings%'
THEN 'The Lord of the Rings Trilogy'
            ELSE 'Batman Trilogy' END AS trilogy,
       actors.name
  FROM actors
  JOIN casting
    ON actors.id = casting.actor_id
  JOIN movies
    ON casting.movie_id = movies.id
 WHERE movies.title LIKE '%Lord of the Rings%' OR
       movies.title LIKE '%Batman%' OR
       movies.title LIKE '%The Dark Knight%'
 GROUP BY trilogy, actors.name;
```

49 從 **nba** 資料庫查詢得分王（生涯場均得分 **ppg** 最高）、助攻王（生涯場均助攻 **apg** 最高）、籃板王（生涯場均籃板 **rpg** 最高）、抄截王（生涯場均抄截 **spg** 最高）以及阻攻王（生涯場均阻攻 **bpg** 最高），參考下列的預期查詢結果。

預期輸出 (6, 4) 的查詢結果。

```
SELECT players.firstName,
       players.lastName,
       'ppg' AS category,
       max_stats.ppg AS value
  FROM players
  JOIN (SELECT personId,
               ppg
          FROM career_summaries
         WHERE ppg = (SELECT MAX(ppg)
                        FROM career_summaries)) AS max_stats
    ON players.personId = max_stats.personId
 UNION
SELECT players.firstName,
       players.lastName,
       'apg' AS category,
       max_stats.apg AS value
  FROM players
  JOIN (SELECT personId,
               apg
          FROM career_summaries
         WHERE apg = (SELECT MAX(apg)
                        FROM career_summaries)) AS max_stats
    ON players.personId = max_stats.personId
 UNION
SELECT players.firstName,
       players.lastName,
       'rpg' AS category,
       max_stats.rpg AS value
  FROM players
  JOIN (SELECT personId,
               rpg
          FROM career_summaries
```

```
            WHERE rpg = (SELECT MAX(rpg)
                         FROM career_summaries)) AS max_stats
        ON players.personId = max_stats.personId
     UNION
     SELECT players.firstName,
            players.lastName,
            'spg' AS category,
            max_stats.spg AS value
       FROM players
       JOIN (SELECT personId,
                    spg
               FROM career_summaries
              WHERE spg = (SELECT MAX(spg)
                           FROM career_summaries)) AS max_stats
        ON players.personId = max_stats.personId
     UNION
     SELECT players.firstName,
            players.lastName,
            'bpg' AS category,
            max_stats.bpg AS value
       FROM players
       JOIN (SELECT personId,
                    bpg
               FROM career_summaries
              WHERE bpg = (SELECT MAX(bpg)
                           FROM career_summaries)) AS max_stats
        ON players.personId = max_stats.personId;
```

50 從 **twElection2020** 資料庫查詢三組總統候選人在各縣市的得票數，參考下列的預期查詢結果。

預期輸出 (22, 4) 的查詢結果。

```
SELECT soong_yu.county,
       soong_yu.soong_yu_votes,
       han_chang.han_chang_votes,
       tsai_lai.tsai_lai_votes
  FROM (SELECT admin_regions.county,
               SUM(votes) AS soong_yu_votes
```

```
        FROM presidential
        JOIN admin_regions
            ON presidential.admin_region_id =
admin_regions.id
        WHERE presidential.candidate_id = 1
        GROUP BY admin_regions.county) AS soong_yu
   JOIN (SELECT admin_regions.county,
                SUM(votes) AS han_chang_votes
        FROM presidential
        JOIN admin_regions
            ON presidential.admin_region_id =
admin_regions.id
        WHERE presidential.candidate_id = 2
        GROUP BY admin_regions.county) AS han_chang
    ON soong_yu.county = han_chang.county
   JOIN (SELECT admin_regions.county,
                SUM(votes) AS tsai_lai_votes
        FROM presidential
        JOIN admin_regions
            ON presidential.admin_region_id =
admin_regions.id
        WHERE presidential.candidate_id = 3
        GROUP BY admin_regions.county) AS tsai_lai
    ON soong_yu.county = tsai_lai.county;
```

51 從 `covid19` 資料庫查詢截至 2022-05-31 美國前十大確診人數的州別，參考下列的預期查詢結果。

註：本題不需考慮 `daily_report` 內的 `Last_Update` 時間戳記，`daily_report` 的數據有效期間就是 2022-05-31。

預期輸出 (10, 2) 的查詢結果。

```
SELECT lookup_table.Province_State,
       SUM(daily_report.Confirmed) AS Confirmed
  FROM daily_report
  JOIN lookup_table
    ON daily_report.Combined_Key = lookup_table.Combined_Key
 WHERE lookup_table.Country_Region = 'US'
 GROUP BY lookup_table.Province_State
```

```
ORDER BY Confirmed DESC
LIMIT 10;
```

52 從 **covid19** 資料庫查詢截至 2022-05-31 台灣、日本、中國、南韓與新加坡五個國家的確診與死亡人數的資訊，參考下列的預期查詢結果。

註：本題不需考慮 **daily_report** 內的 **Last_Update** 時間戳記，**daily_report** 的數據有效期間就是 2022-05-31。

預期輸出 (5, 3) 的查詢結果。

```
SELECT lookup_table.Country_Region,
       SUM(daily_report.Confirmed) AS Confirmed,
       SUM(daily_report.Deaths) AS Deaths
  FROM daily_report
  JOIN lookup_table
    ON daily_report.Combined_Key = lookup_table.Combined_Key
 WHERE lookup_table.Country_Region IN ('Taiwan', 'China',
'Japan', 'Korea, South', 'Singapore')
 GROUP BY lookup_table.Country_Region;
```

53 從 **imdb** 資料庫查詢出現最多次的導演為誰，參考下列的預期查詢結果。

預期輸出 (5, 2) 的查詢結果。

```
SELECT director,
       counts
  FROM (SELECT director,
               COUNT(*) AS counts
          FROM movies
         GROUP BY director) AS director_counts
 WHERE director_counts.counts = (SELECT MAX(counts) AS max_counts
                                   FROM (SELECT director,
                                                COUNT(*) AS counts
                                           FROM movies
                                          GROUP BY director) AS director_counts);
```

54 從 **imdb** 資料庫查詢出現最多次的演員為誰，參考下列的預期查詢結果。

> 預期輸出 (1, 3) 的查詢結果。

```
SELECT actor_id,
       actors.name,
       counts
  FROM (SELECT actor_id,
               COUNT(*) AS counts
          FROM casting
         GROUP BY actor_id) AS actor_counts
  JOIN actors
    ON actor_counts.actor_id = actors.id
 WHERE actor_counts.counts = (SELECT MAX(counts) AS max_counts
                                FROM (SELECT actor_id,
                                             COUNT(*) AS counts
                                        FROM casting
                                       GROUP BY actor_id) AS actor_counts);
```

55 從 **imdb** 資料庫查詢評等大於等於 8.8（**rating >= 8.8**）電影的導演以及第一主角（**ord = 1**），參考下列的預期查詢結果。

> 預期輸出 (14, 3) 的查詢結果。

```
SELECT movies.title,
       movies.director,
       actors.name AS lead_actor
  FROM movies
  JOIN casting
    ON movies.id = casting.movie_id
  JOIN actors
    ON casting.actor_id = actors.id
 WHERE movies.rating >= 8.8 AND
       casting.ord = 1;
```

56 從 **nba** 資料庫查詢得分王（生涯總得分 **points** 最高）、助攻王
（生涯總助攻 **assists** 最高）、籃板王（生涯總籃板 **totReb** 最
高）、抄截王（生涯總抄截 **steals** 最高）以及阻攻王（生涯總阻
攻 **blocks** 最高），參考下列的預期查詢結果。

$\boxed{\text{預期輸出}}$ (5, 4) 的查詢結果。

```
SELECT players.firstName,
       players.lastName,
       'points' AS category,
       max_stats.points AS value
  FROM players
  JOIN (SELECT personId,
               points
          FROM career_summaries
         WHERE points = (SELECT MAX(points)
                           FROM career_summaries)) AS
max_stats
    ON players.personId = max_stats.personId
 UNION
SELECT players.firstName,
       players.lastName,
       'assists' AS category,
       max_stats.assists AS value
  FROM players
  JOIN (SELECT personId,
               assists
          FROM career_summaries
         WHERE assists = (SELECT MAX(assists)
                            FROM career_summaries)) AS
max_stats
    ON players.personId = max_stats.personId
 UNION
SELECT players.firstName,
       players.lastName,
       'totReb' AS category,
       max_stats.totReb AS value
  FROM players
  JOIN (SELECT personId,
```

```
                       totReb
                FROM career_summaries
                WHERE totReb = (SELECT MAX(totReb)
                                FROM career_summaries)) AS
max_stats
        ON players.personId = max_stats.personId
 UNION
SELECT players.firstName,
       players.lastName,
       'steals' AS category,
       max_stats.steals AS value
   FROM players
   JOIN (SELECT personId,
                steals
            FROM career_summaries
            WHERE steals = (SELECT MAX(steals)
                            FROM career_summaries)) AS
max_stats
        ON players.personId = max_stats.personId
 UNION
SELECT players.firstName,
       players.lastName,
       'blocks' AS category,
       max_stats.blocks AS value
   FROM players
   JOIN (SELECT personId,
                blocks
            FROM career_summaries
            WHERE blocks = (SELECT MAX(blocks)
                            FROM career_summaries)) AS
max_stats
        ON players.personId = max_stats.personId;
```

 從 **nba** 資料庫查詢各球隊陣中場均得分大於等於 20 分（`ppg >= 20`）的球員人數，參考下列的預期查詢結果。

預期輸出　(30, 2) 的查詢結果。

```
SELECT teams.fullName AS team_name,
        IFNULL(number_of_top_scorers.number_of_players, 0) AS
number_of_players
  FROM teams
  LEFT JOIN (SELECT teams.fullName,
                    COUNT(*) AS number_of_players
             FROM players
             JOIN teams
               ON players.teamId = teams.teamId
             JOIN career_summaries
               ON players.personId =
career_summaries.personId
             WHERE ppg >= 20
             GROUP BY teams.fullName) AS
number_of_top_scorers
    ON teams.fullName = number_of_top_scorers.fullName
 ORDER BY number_of_players DESC,
          team_name;
```

 從 **twElection2020** 資料庫查詢中國國民黨與民主進步黨在 2020 年選舉的得票率，包含總統副總統、不分區立委與區域立委，參考下列的預期查詢結果。

註：不分區立委的投票資料記錄於資料表 `legislative_at_large`，區域立委的投票資料記錄於資料表 `legislative_regional`。

預期輸出　(2, 4) 的查詢結果。

```
SELECT presidential_result.party,
       presidential_result.presidential,
       legislative_regional_result.legislative_regional,
       legislative_at_large_result.legislative_at_large
  FROM (SELECT CASE WHEN candidate_id = 2 THEN '中國國民黨'
                    ELSE '民主進步黨' END as party,
```

```sql
                    ROUND(CAST(SUM(votes) AS REAL) / (SELECT SUM(votes)
FROM presidential)*100, 2) || '%' AS presidential
        FROM presidential
        WHERE candidate_id IN (2, 3)
        GROUP BY candidate_id) AS presidential_result
    JOIN (SELECT parties.party,
                    ROUND(CAST(SUM(legislative_regional.votes) AS REAL) /
(SELECT SUM(votes) FROM legislative_regional)*100, 2) || '%' AS
legislative_regional
        FROM legislative_regional
        JOIN candidates
            ON legislative_regional.candidate_id = candidates.id
        JOIN parties
            ON candidates.party_id = parties.id
        WHERE parties.party IN ('中國國民黨', '民主進步黨')
        GROUP BY parties.party) AS legislative_regional_result
    ON presidential_result.party = legislative_regional_result.party
    JOIN (SELECT parties.party,
                    ROUND(CAST(SUM(legislative_at_large.votes) AS REAL) /
(SELECT SUM(votes) FROM legislative_at_large)*100, 2) || '%' AS
legislative_at_large
        FROM legislative_at_large
        JOIN parties
            ON legislative_at_large.party_id = parties.id
        WHERE parties.party IN ('中國國民黨', '民主進步黨')
        GROUP BY parties.party) AS legislative_at_large_result
    ON presidential_result.party = legislative_at_large_result.party;
```

59 從 **twElection2020** 資料庫查詢代表中國國民黨參選總統副總統的韓國瑜/張善政組合，在台灣 7,737 個選舉區（以村鄰里為一個選舉區）贏得的選舉區（得票數大於 > 蔡英文/賴清德組合）以及淨贏得票數，參考下列的預期查詢結果。

預期輸出 　(1332, 4) 的查詢結果。

```
SELECT admin_regions.county,
       admin_regions.town,
       admin_regions.village,
       han_chang.han_chang_votes - tsai_lai.tsai_lai_votes AS
net_winning_votes
  FROM (SELECT admin_regions.id,
               SUM(presidential.votes) AS han_chang_votes
          FROM presidential
          JOIN admin_regions
            ON presidential.admin_region_id =
admin_regions.id
         WHERE presidential.candidate_id = 2
         GROUP BY admin_regions.id) AS han_chang
  JOIN (SELECT admin_regions.id,
               SUM(presidential.votes) AS tsai_lai_votes
          FROM presidential
          JOIN admin_regions
            ON presidential.admin_region_id =
admin_regions.id
         WHERE presidential.candidate_id = 3
         GROUP BY admin_regions.id) AS tsai_lai
    ON han_chang.id = tsai_lai.id
  JOIN admin_regions
    ON han_chang.id = admin_regions.id
 WHERE net_winning_votes > 0
 ORDER BY net_winning_votes DESC,
          admin_regions.id;
```

B

學習資料庫綱要

B.1 學習資料庫 covid19

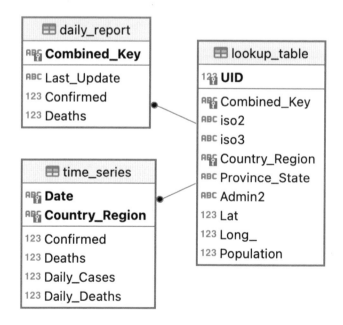

```
SELECT name,
       type,
       pk
  FROM PRAGMA_TABLE_INFO('daily_report')
 ORDER BY name;
```

```
+--------------+---------+----+
| name         | type    | pk |
+--------------+---------+----+
| Combined_Key | TEXT    | 1  |
+--------------+---------+----+
| Confirmed    | INTEGER | 0  |
+--------------+---------+----+
| Deaths       | INTEGER | 0  |
+--------------+---------+----+
| Last_Update  | TEXT    | 0  |
+--------------+---------+----+
4 rows in set (0.00 sec)
```

```
SELECT name,
       type,
       pk
  FROM PRAGMA_TABLE_INFO('lookup_table')
 ORDER BY name;
```

```
+----------------+---------+----+
| name           | type    | pk |
+----------------+---------+----+
| Admin2         | TEXT    | 0  |
+----------------+---------+----+
| Combined_Key   | TEXT    | 0  |
+----------------+---------+----+
| Country_Region | TEXT    | 0  |
+----------------+---------+----+
| Lat            | REAL    | 0  |
+----------------+---------+----+
| Long_          | REAL    | 0  |
+----------------+---------+----+
```

```
| Population     | INTEGER | 0  |
+----------------+---------+----+
| Province_State | TEXT    | 0  |
+----------------+---------+----+
| UID            | INTEGER | 1  |
+----------------+---------+----+
| iso2           | TEXT    | 0  |
+----------------+---------+----+
| iso3           | TEXT    | 0  |
+----------------+---------+----+
10 rows in set (0.00 sec)
```

```
SELECT name,
       type,
       pk
  FROM PRAGMA_TABLE_INFO('time_series')
 ORDER BY name;
```

```
+----------------+---------+----+
| name           | type    | pk |
+----------------+---------+----+
| Confirmed      | INTEGER | 0  |
+----------------+---------+----+
| Country_Region | TEXT    | 2  |
+----------------+---------+----+
| Daily_Cases    | INTEGER | 0  |
+----------------+---------+----+
| Daily_Deaths   | INTEGER | 0  |
+----------------+---------+----+
| Date           | TEXT    | 1  |
+----------------+---------+----+
| Deaths         | INTEGER | 0  |
+----------------+---------+----+
6 rows in set (0.00 sec)
```

B.2 學習資料庫 `imdb`

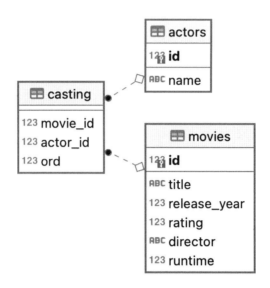

```
SELECT name,
       type,
       pk
  FROM PRAGMA_TABLE_INFO('actors')
 ORDER BY name;
```

```
+------+---------+----+
| name | type    | pk |
+------+---------+----+
| id   | INTEGER | 1  |
+------+---------+----+
| name | TEXT    | 0  |
+------+---------+----+
2 rows in set (0.00 sec)
```

```
SELECT name,
       type,
       pk
  FROM PRAGMA_TABLE_INFO('casting')
 ORDER BY name;
```

```
+----------+---------+----+
| name     | type    | pk |
+----------+---------+----+
| actor_id | INTEGER | 0  |
+----------+---------+----+
| movie_id | INTEGER | 0  |
+----------+---------+----+
| ord      | INTEGER | 0  |
+----------+---------+----+
3 rows in set (0.00 sec)
```

```
SELECT name,
       type,
       pk
  FROM PRAGMA_TABLE_INFO('movies')
 ORDER BY name;
```

```
+--------------+---------+----+
| name         | type    | pk |
+--------------+---------+----+
| director     | TEXT    | 0  |
+--------------+---------+----+
| id           | INTEGER | 1  |
+--------------+---------+----+
| rating       | REAL    | 0  |
+--------------+---------+----+
| release_year | INTEGER | 0  |
+--------------+---------+----+
| runtime      | INT     | 0  |
+--------------+---------+----+
| title        | TEXT    | 0  |
+--------------+---------+----+
6 rows in set (0.00 sec)
```

B.3 學習資料庫 nba

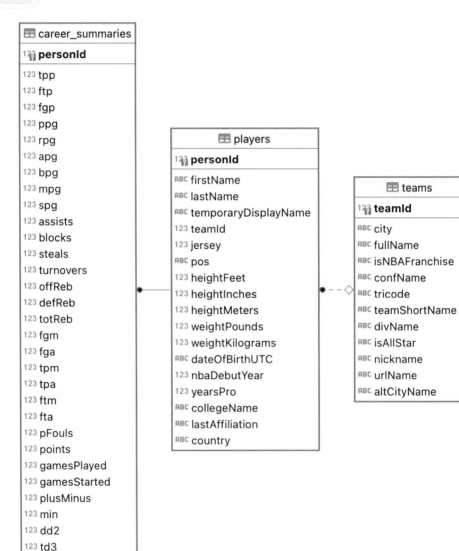

```
SELECT name,
       type,
       pk
  FROM PRAGMA_TABLE_INFO('career_summaries')
 ORDER BY name;
```

name	type	pk
apg	REAL	0
assists	INTEGER	0
blocks	INTEGER	0
bpg	REAL	0
dd2	INTEGER	0
defReb	INTEGER	0
fga	INTEGER	0
fgm	INTEGER	0
fgp	REAL	0
fta	INTEGER	0
ftm	INTEGER	0
ftp	REAL	0
gamesPlayed	INTEGER	0
gamesStarted	INTEGER	0
min	INTEGER	0
mpg	REAL	0

```
+--------------+----------+----+
| offReb       | INTEGER  | 0  |
+--------------+----------+----+
| pFouls       | INTEGER  | 0  |
+--------------+----------+----+
| personId     | INTEGER  | 1  |
+--------------+----------+----+
| plusMinus    | INTEGER  | 0  |
+--------------+----------+----+
| points       | INTEGER  | 0  |
+--------------+----------+----+
| ppg          | REAL     | 0  |
+--------------+----------+----+
| rpg          | REAL     | 0  |
+--------------+----------+----+
| spg          | REAL     | 0  |
+--------------+----------+----+
| steals       | INTEGER  | 0  |
+--------------+----------+----+
| td3          | INTEGER  | 0  |
+--------------+----------+----+
| totReb       | INTEGER  | 0  |
+--------------+----------+----+
| tpa          | INTEGER  | 0  |
+--------------+----------+----+
| tpm          | INTEGER  | 0  |
+--------------+----------+----+
| tpp          | REAL     | 0  |
+--------------+----------+----+
| turnovers    | INTEGER  | 0  |
+--------------+----------+----+
31 rows in set (0.00 sec)
```

```
SELECT name,
       type,
       pk
  FROM PRAGMA_TABLE_INFO('players')
 ORDER BY name;
```

```
+----------------------+---------+----+
| name                 | type    | pk |
+----------------------+---------+----+
| collegeName          | TEXT    | 0  |
+----------------------+---------+----+
| country              | TEXT    | 0  |
+----------------------+---------+----+
| dateOfBirthUTC       | TEXT    | 0  |
+----------------------+---------+----+
| firstName            | TEXT    | 0  |
+----------------------+---------+----+
| heightFeet           | INTEGER | 0  |
+----------------------+---------+----+
| heightInches         | INTEGER | 0  |
+----------------------+---------+----+
| heightMeters         | REAL    | 0  |
+----------------------+---------+----+
| jersey               | INTEGER | 0  |
+----------------------+---------+----+
| lastAffiliation      | TEXT    | 0  |
+----------------------+---------+----+
| lastName             | TEXT    | 0  |
+----------------------+---------+----+
| nbaDebutYear         | INTEGER | 0  |
+----------------------+---------+----+
| personId             | INTEGER | 1  |
+----------------------+---------+----+
| pos                  | TEXT    | 0  |
+----------------------+---------+----+
| teamId               | INTEGER | 0  |
+----------------------+---------+----+
| temporaryDisplayName | TEXT    | 0  |
+----------------------+---------+----+
| weightKilograms      | REAL    | 0  |
+----------------------+---------+----+
```

```
| weightPounds          | REAL    | 0  |
+----------------------+---------+----+
| yearsPro              | INTEGER | 0  |
+----------------------+---------+----+
18 rows in set (0.00 sec)

SELECT name,
       type,
       pk
  FROM PRAGMA_TABLE_INFO('teams')
 ORDER BY name;

+-----------------+---------+----+
| name            | type    | pk |
+-----------------+---------+----+
| altCityName     | TEXT    | 0  |
+-----------------+---------+----+
| city            | TEXT    | 0  |
+-----------------+---------+----+
| confName        | TEXT    | 0  |
+-----------------+---------+----+
| divName         | TEXT    | 0  |
+-----------------+---------+----+
| fullName        | TEXT    | 0  |
+-----------------+---------+----+
| isAllStar       | TEXT    | 0  |
+-----------------+---------+----+
| isNBAFranchise  | TEXT    | 0  |
+-----------------+---------+----+
| nickname        | TEXT    | 0  |
+-----------------+---------+----+
| teamId          | INTEGER | 1  |
+-----------------+---------+----+
| teamShortName   | TEXT    | 0  |
+-----------------+---------+----+
| tricode         | TEXT    | 0  |
+-----------------+---------+----+
| urlName         | TEXT    | 0  |
+-----------------+---------+----+
12 rows in set (0.00 sec)
```

B.4 學習資料庫 twElection2020

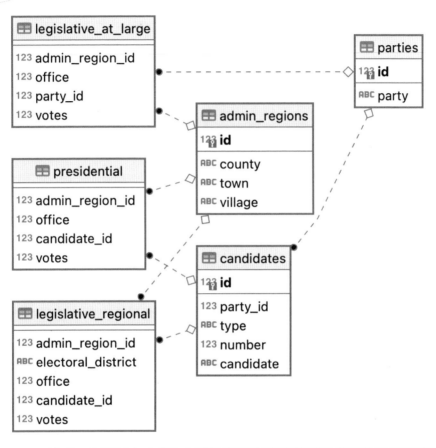

```
SELECT name,
       type,
       pk
  FROM PRAGMA_TABLE_INFO('admin_regions')
 ORDER BY name;
```

```
+--------+---------+----+
| name   | type    | pk |
+--------+---------+----+
| county | TEXT    | 0  |
+--------+---------+----+
| id     | INTEGER | 1  |
```

```
+---------+---------+----+
| town    | TEXT    | 0  |
+---------+---------+----+
| village | TEXT    | 0  |
+---------+---------+----+
4 rows in set (0.00 sec)

SELECT name,
       type,
       pk
  FROM PRAGMA_TABLE_INFO('candidates');
```

```
+-----------+---------+----+
| name      | type    | pk |
+-----------+---------+----+
| id        | INTEGER | 1  |
+-----------+---------+----+
| party_id  | INTEGER | 0  |
+-----------+---------+----+
| type      | TEXT    | 0  |
+-----------+---------+----+
| number    | INTEGER | 0  |
+-----------+---------+----+
| candidate | TEXT    | 0  |
+-----------+---------+----+
5 rows in set (0.00 sec)

SELECT name,
       type,
       pk
  FROM PRAGMA_TABLE_INFO('legislative_at_large')
 ORDER BY name;
```

```
+-----------------+---------+----+
| name            | type    | pk |
+-----------------+---------+----+
| admin_region_id | INTEGER | 0  |
+-----------------+---------+----+
| office          | INTEGER | 0  |
+-----------------+---------+----+
| party_id        | INTEGER | 0  |
```

```
+------------------+---------+----+
| votes            | INTEGER | 0  |
+------------------+---------+----+
```
4 rows in set (0.00 sec)

```
SELECT name,
       type,
       pk
  FROM PRAGMA_TABLE_INFO('legislative_regional')
 ORDER BY name;
```

```
+--------------------+---------+----+
| name               | type    | pk |
+--------------------+---------+----+
| admin_region_id    | INTEGER | 0  |
+--------------------+---------+----+
| candidate_id       | INTEGER | 0  |
+--------------------+---------+----+
| electoral_district | TEXT    | 0  |
+--------------------+---------+----+
| office             | INTEGER | 0  |
+--------------------+---------+----+
| votes              | INTEGER | 0  |
+--------------------+---------+----+
```
5 rows in set (0.00 sec)

```
SELECT name,
       type,
       pk
  FROM PRAGMA_TABLE_INFO('parties')
 ORDER BY name;
```

```
+-------+---------+----+
| name  | type    | pk |
+-------+---------+----+
| id    | INTEGER | 1  |
+-------+---------+----+
| party | TEXT    | 0  |
+-------+---------+----+
```
2 rows in set (0.00 sec)

```
SELECT name,
       type,
       pk
  FROM PRAGMA_TABLE_INFO('presidential')
 ORDER BY name;
```

```
+-----------------+---------+----+
| name            | type    | pk |
+-----------------+---------+----+
| admin_region_id | INTEGER | 0  |
+-----------------+---------+----+
| candidate_id    | INTEGER | 0  |
+-----------------+---------+----+
| office          | INTEGER | 0  |
+-----------------+---------+----+
| votes           | INTEGER | 0  |
+-----------------+---------+----+
4 rows in set (0.00 sec)
```

C
以 Python 串接學習資料庫

假使讀者不是資料科學的初學者,對於 Python 以及模組有一定的認識與瞭解,可以使用標準模組 sqlite3 建立學習資料庫的連線、使用第三方模組 pandas 對學習資料庫進行資料查詢。

C.1 安裝模組

sqlite3 是標準模組,不需要自行安裝,pandas 是第三方模組,在終端機以指令安裝。

```
pip install pandas
```

C.2 載入模組

```
import sqlite3
import pandas as pd
```

C.3 建立連線

以相對路徑位於 `../databases/imdb.db` 的學習資料庫為例，使用 sqlite3 模組的 connect() 函數。

```
con = sqlite3.connect('../databases/imdb.db')
```

C.4 進行資料查詢

使用 pandas 模組的 read_sql() 函數。

```
sql_statement = """
SELECT *
  FROM actors
 LIMIT 5;
"""
pd.read_sql(sql_statement, con)
```

	id	name
0	1	Aamir Khan
1	2	Aaron Eckhart
2	3	Aaron Lazar
3	4	Abbas-Ali Roomandi
4	5	Abbey Lee

```
sql_statement = """
SELECT *
  FROM casting
 LIMIT 5;
"""
pd.read_sql(sql_statement, con)
```

```
   movie_id  actor_id  ord
0         1      2944    1
1         1      2192    2
2         1       330    3
3         1      3134    4
4         1       552    5
```

```
sql_statement = """
SELECT *
  FROM movies
 LIMIT 5;
"""
pd.read_sql(sql_statement, con)
```

```
   id                       title  release_year  rating                director
\
0   1   The Shawshank Redemption          1994     9.3          Frank Darabont
1   2               The Godfather          1972     9.2   Francis Ford Coppola
2   3             The Dark Knight          2008     9.0      Christopher Nolan
3   4        The Godfather Part II          1974     9.0   Francis Ford Coppola
4   5                12 Angry Men          1957     9.0          Sidney Lumet

   runtime
0      142
1      175
2      152
3      202
4       96
```

C.5 關閉連線

```
con.close()
```

延伸閱讀

- ⊚ sqlite3 — DB-API 2.0 interface for SQLite databases
  https://bit.ly/python-sqlite3
- ⊚ pandas.read_sql
  https://bit.ly/pd-readsql

D 以 R 語言 串接學習資料庫

假使讀者不是資料科學的初學者，對於 R 以及模組有一定的認識與瞭解，可以使用模組 RSQLite 與 DBI 建立學習資料庫的連線、使用模組並且對學習資料庫進行資料查詢。

D.1 安裝模組

使用 install.packages() 函數在 R 語言環境中安裝模組 RSQLite 與 DBI。

```
install.packages("RSQLite")
install.packages("DBI")
```

D.2 載入模組

```
library("DBI")
```

D.3 建立連線

以相對路徑位於 `../databases/imdb.db` 的學習資料庫為例，使用 DBI 模組的 `dbConnect()` 函數。

```
con <- dbConnect(RSQLite::SQLite(), "../databases/imdb.db")
```

D.4 列出學習資料庫中的所有資料表

使用 DBI 模組的 `dbListTables()` 函數。

```
print(dbListTables(con))

[1] "actors"  "casting" "movies"
```

D.5 列出指定資料表所有的欄位名稱

使用 DBI 模組的 `dbListFields()` 函數。

```
print(dbListFields(con, "actors"))

[1] "id"    "name"

print(dbListFields(con, "casting"))

[1] "movie_id" "actor_id" "ord"

print(dbListFields(con, "movies"))

[1] "id"          "title"       "release_year" "rating"       "director"
[6] "runtime"
```

D.6 進行資料查詢

使用 DBI 模組的 dbGetQuery() 函數。

```
sql_statement <- "
SELECT *
  FROM actors
 LIMIT 5;
"
dbGetQuery(con, sql_statement)
```

```
  id name
1 1   Aamir Khan
2 2   Aaron Eckhart      3 3   Aaron Lazar

4 4   Abbas-Ali Roomandi
5 5   Abbey Lee
```

```
sql_statement <- "
SELECT *
  FROM casting
 LIMIT 5;
"
dbGetQuery(con, sql_statement)
```

```
  movie_id actor_id ord
1 1       2944      1
2 1       2192      2
3 1        330      3
4 1       3134      4
5 1        552      5
```

```
sql_statement <- "
SELECT *
  FROM movies
 LIMIT 5;
"
dbGetQuery(con, sql_statement)
```

```
   id title                       release_year rating director          runtime
1  1  The Shawshank Redemption    1994         9.3    Frank Darabont         142
2  2  The Godfather               1972         9.2    Francis Ford Coppola 175
3  3  The Dark Knight             2008         9.0    Christopher Nolan      152
4  4  The Godfather Part II       1974         9.0    Francis Ford Coppola 202
5  5  12 Angry Men                1957         9.0    Sidney Lumet            96
```

D.7 關閉連線

使用 DBI 模組的 dbDisconnect() 函數。

```
dbDisconnect(con)
```

延伸閱讀

⊙ Databases using R

https://bit.ly/db-rstudio

⊙ RSQLite

https://bit.ly/rsqlite

⊙ DBI

https://bit.ly/r-dbi

SQL 的五十道練習：初學者友善的資料庫入門

作　　者：郭耀仁
企劃編輯：江佳慧
文字編輯：詹祐甯
設計裝幀：張寶莉
發 行 人：廖文良

發 行 所：碁峰資訊股份有限公司
地　　址：台北市南港區三重路 66 號 7 樓之 6
電　　話：(02)2788-2408
傳　　真：(02)8192-4433
網　　站：www.gotop.com.tw
書　　號：AED004200
版　　次：2023 年 09 月初版
建議售價：NT$480

國家圖書館出版品預行編目資料

SQL 的五十道練習：初學者友善的資料庫入門 / 郭耀仁著. --
初版. -- 臺北市：碁峰資訊, 2023.09
　　面；　　公分
　ISBN 978-626-324-587-7(平裝)
　1.CST：資料庫管理系統　2.CST：SQL(電腦程式語言)
　3.CST：關聯式資料庫
312.7565　　　　　　　　　　　　　　　112012385

讀者服務

- 感謝您購買碁峰圖書，如果您對本書的內容或表達上有不清楚的地方或其他建議，請至碁峰網站：「聯絡我們」\「圖書問題」留下您所購買之書籍及問題。(請註明購買書籍之書號及書名，以及問題頁數，以便能儘快為您處理)
  http://www.gotop.com.tw

- 售後服務僅限書籍本身內容，若是軟、硬體問題，請您直接與軟體廠商聯絡。

- 若於購買書籍後發現有破損、缺頁、裝訂錯誤之問題，請直接將書寄回更換，並註明您的姓名、連絡電話及地址，將有專人與您連絡補寄商品。